결삭법 : 매듭법 / 편저자 : 해광도서편찬회.
-- 부산 : 해광출판사, 2013
p. ; cm

색인수록
ISBN 978-89-969435-2-5 03530 : ₩11000

매듭
해기 관리사[海技管理士]

559.4-KDC5
623.8-DDC21 CIP2013006014

결삭법 : 매듭법

(結索法 구, 결색법)

결삭법 · 제범 · 선박 도장

해광도서편찬회 편

해 광 출 판 사

머 리 말

줄을 잇고, 엮고, 매듭짓는 결삭은 인류의 역사와 함께 발전하여 왔습니다. 고대 이집트와 그리스에서는 선박 의장과 교량 건설 등 실용적인 면에서 이용되었으며, 중국과 잉카에서는 숫자와 문자의 역할을 했습니다. 현재에 결삭은 선박 · 등산건축 · 운수와 인명구조 작업 등 인간 생활 전반에 걸쳐 널리 이용되고 있습니다.

이 책은 비실용적인 결삭법은 제외하고, 해상이나 육상에서 가장 유용하게 사용될 결삭만을 골라 자세한 그림을 통해 간단명료하게 설명하는데 중점을 두었습니다.

그리고, 해상 종사자를 위하여 선박 도장과 제범의 기초 부분을 알기 쉽게 정리하여 실었습니다.

선박에 직접 승선한 해기사와 해양경찰은 물론이고, 각급 해양훈련단에서도 결삭법이 유용하게 쓰일 것입니다. 이 책을 통해 해상뿐만이 아니라 등산 · 소방 · 운송 사고를 미연에 방지하는데 작으나마 일조 할 수 있기를 바랍니다.

이번 수정판에서는 옛 문구를 새롭게 다듬었으며, 그림도 현대 감각에 맞게 다시 그렸습니다. 이 과정에서 편집부의 수고가 많았음에 감사의 인사를 드립니다.

해광도서편찬회 씀

제1장 결삭법(結索法)

제2장 제범(製帆)

제3장 선박 도장(塗裝)

CONTENTS

부 록

제1장 결삭법(結索法)

제1절 선용로프(船用索)

(1) 꼬임의 방향 (그림1)

- Z꼬임 (Right hand twist) : 실의 측면에서 보았을때 Z자 모양의 왼쪽으로 꼬임선이 보여 Z꼬임이라 하며, 우리나라에서는 좌연(左撚), 서구에서는 반대로 라이트 핸드 트위스트라 한다.
- S꼬임 (Left hand twist) : 실의 측면에서 보았을때 S자 모양처럼 오른쪽으로 꼬임선이 보여 S꼬임이라 하며, 우리나라에서는 우연(右撚), 서구에서는 반대로 레프트 핸드 트위스트라 한다.

(2) 구 조

① 보통 꼬임 로프(普通纖維索, Ordinary rope)

원료인 섬유(파이버, Fiber)를 Z꼬임하여 만든 실(Yarn) 수십가닥을 S꼬임하여 스트랜드(Strand)를 만들고 이것을 3가닥 Z꼬임하여 로프(Rope)가 된다(그림2).

[그림1]

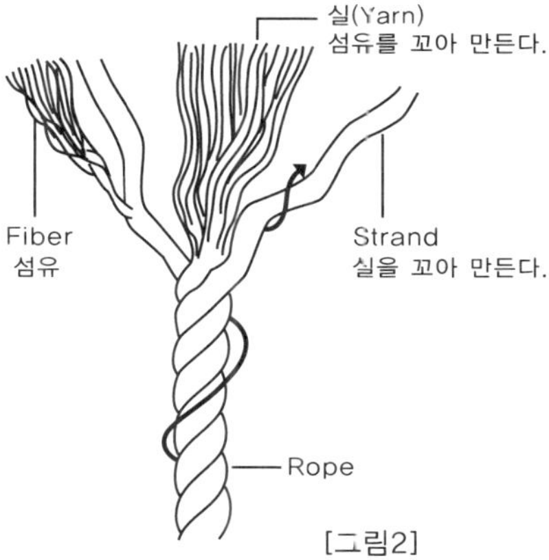

[그림2]

섬유 로프(Fiber rope)는 식물섬유(Vegetable fiber)와 합성섬유(合成纖維, Synthetic fiber)를 사용하며, 원료의 종류에 따라 제1표와 같이 분류한다.

제1표 (1) 합성섬유 로프(Synthetic fiber rope)

종 류			나일론 로프 Nylon rope	비닐론 로프 Vinylon rope
원료섬유 (상품명)			아밀란(Amilan), 나일론 (Nylon), 펄론(Perlon), 그릴론(Grilon), 카프론(Kaplon), 엔카론(Enkalon), 리리론 (Lililon), 카프로란(Capro-lon), 델피온(Delfion)	비닐론(Vinylon), 쿠라론(Kuralon), 카네비안(Kanebian), 크레모나 (Cremona), 뮬론(Mewlon), 신토필(Synthofil), 울론(Woolon).
섬유의 종류와 섬도(纖度)			멀티필라멘트210 데니어 또는 그 정수배	모노필라멘트 500데니어, 멀티필라멘트 1,000, 1,500. 2,000데니어, 스펀야안 1,3,5,10,20번수
비 중			1.14	1.30
연 화 점			180℃	220℃ ~230℃
마닐라 로프와의 비교	강 도	건조시	3.3 배	2.6 배~ 1.5 배
		습윤시	2.9 배	2.1 배~ 1.3 배
	중 량	건조시	82%	91% ~83%
		습윤시	74%	91% ~ 88%
신장도	건조시	마닐라로프 13%	52%	38%
	습윤시	마닐라로프 16%	51%	42%
함 수 율		마닐라로프 28%	15%	28% ~ 36%
특 징			① 합성 섬유중 가장 강하다. ② 유연하고 마찰과 충격에 강하다. ③ 복원 성이 크고 피로가 적다. ④ 늘어나기 쉽고 미끄럽다.	① 내후성이 우수하다. ② 스펀색은 외관이 면(솜〉 색에 가깝고 유연하며 잘 미끄러지지 않으나 필라멘트색보다 약하다. ③ 함수시에는 강도가 떨어 진다.

[비고] 실의 굵기 표시법

(1)영국식 번수 = 1파운드÷840 야드의 실의 무게 (항중법)

폴리에틸렌 로프 Polyethylene rope	폴리에스터 로프 Polyester rope	폴리프로피렌 로프 Polypropylene rope
폴리에틸렌(Pdyethylene), 쿠르렌(Coiirlene), 리본(Reevon), 테프론(Teflon), 하이제크스(Hi-Zex), 카넬라이트 (Kanelight)	테릴렌(Terylene), 데이크론(Dacron), 테리탈(Terital), 테르갈(Tergal), 디올렌(Diolene), 랑송(Lanon), 테토론(Tetoron)	파일렌(Pylen), 미쓰비시, 토요(Mitsuoishi, Toyo)
모노필라멘트 350, 380, 400, 600 데니어.	멀티필라멘트 250 데니어 또는 그 정수배.	멀티필라멘트 170데니어 또는 그 정수배, 모노필라멘트 400 데니어, 스펀야안, 5번수
0.96	1.38	0.91
110℃~115℃	238℃	140℃ ~ 160℃
1.8 배~ 1.5 배	2.4 배	2.2 배 ~ 1.8 배
1.03 배	2.4 배	1.03 배
70%	100 %	67% ~61%
61%	88%	57% ~60%
32%~41%	31%	48% ~42%
32%~41%	31%	45% ~41%
11%	12%	30% ~ 14%
① 물에 뜬다. ② 수중에서 마찰에 강하다. ③ 내약품성이 강하다. ④ 잘 미끄러지는 경향이 있다. ⑤ 열에 약하고 온도저하와 함께 강도가 감소한다.	① 나일론 로프 다음으로 강하다. ② 내후성이 매우 우수하다. ③ 마찰에 강하다. ④ 습윤시에도 강도에 변화가 없다.	① 매우 가벼워 물에 잘 뜬다. ② 수중에서의 마찰에 강하다. ③ 내약품성이 매우 우수하다. ④ 잘 미끄러지지 않는다. ⑤ 부드럽고 잘 늘어 난다.

(2) 데니어(Denier) = [실의 무게(g)÷실의 길이(m)]X9,000 = 450m÷0.05g(항장식)

※ 실길이가 450m, 0.05g인 것을 1데니어라 한다.

(3) 텍 스 = 1g÷1,000m(항장식)

제1표 (2) 식물섬유 로프(Vegetable fiber rope)

종 류	마닐라 로프 Manila rope	사이잘 로프 Sisal rope	타르 로프 Tarred rope	야자 로프 Coir rope	아 마 색 Flax line	면 색 Cotton line	종 려 색 Palm line
원료섬유	일반적으로 마닐라 삼이라고 하나. 원산지 필리핀에서는 아바카라 부르며 전세계 생산량의 90% 이상을 필리핀에서 생산.	사이잘삼, 멕시코, 인도네시아, 아프리카, 중남미에서 생산.	대마에 콜타르를 침투시킨 것. 아시아 지방이 주 생산지.	코코야자 열매 껍질의 섬유. 스리랑카, 인도, 필리핀, 기타 아프리카 지방.	아마(린네르) 유럽 각 지방에서 생산.	솜. 이집트, 중국, 인도	종려나무껍질의 섬유.
외 관	광택있는 유백색이며 변질하면 갈색을 띤다.	백색 또는 담황색이며 광택은 있으나 마 닐라삼 보다는 못하다.	황 갈 색	적갈색 또는 암갈색	백 색	백 색	적 갈 색
비 중	1.45	1.30	1.48	1.04	1.52	1.55	–
비 고	합성섬유로프가 나타나기 이전은 내구력, 항장력, 내습성이 우수하여 선용로프의 대표였다.	마닐라 로프의 대용품이며 강도도 마닐라삼의 80~90%이나, 마닐라 삼과 혼합하여 로프를 제조하는 경우도 있으며 내수성이 나쁘고 질이 굳어 선용로프로 부적당하다.	내습성과 내구력이 우수하고 건조시의 강도는 식물섬유로프 중에서 가상 크나 유연성이 적고 탄력도 부족하다.	질은 거치나 비교적 탄력이 있다. 강도는 마닐라 로프의 50% 정도이나 매우 갸벼워 물에 잘 뜬다.	강도가 크나 신장성이 낮다. 흡수성이 강하고 발산 속도도 빠르다. 흡수하면 강도가 증가하나 수축된 다.	아마색 보나 약간 약하나 내습성이 우수하여 우로에 젖어도 유연성율 유지한다. 흡수하면 강도는10%. 신장도는 25% 정도 증가한다.	내수성이 우수하며 야자 로프와 닮은 점이 많다.

합성섬유 로프의 얀을 구성하는 섬유의 상태에는 다음 3종류가 있으며, 식물 섬유 로프의 얀은 모두 스펀사이다.

- 스펀사(Spun yarn) : 방적사나 단(短) 섬유를 평행상태로 모아 꼰 실.
- 멀티필라멘트사(Multi-filament yarn) : 장(長)섬유 여럿을 합해서 꼰 실.
- 모노필라멘트사(Mono-filament yarn) : 단일(單一)장섬유 자체가 얀이 되는 실.

② 각편(角編) 섬유 로프(Square rope) : S꼬임 2개, Z꼬임 2개, S꼬임 2개, Z꼬임 2개 즉 4쌍의 스트랜드(Strand)를 서로 번갈아 땋아서 만든 것으로 에이트(Eight)로프 또는 크로스(Cross) 로프라 한다(그림3).

③ 와이어 로프(鋼索, Wire rope) : 강선(鋼線, Steel wire)에 아연 도금 또는 알루미늄 도금을 한 소선(素線)을 여럿 합하여 S꼬임한 스트랜드 6본을 삼심(麻心, Hemp core)의 주위에 Z꼬임한 것(그림4).

[그림3]

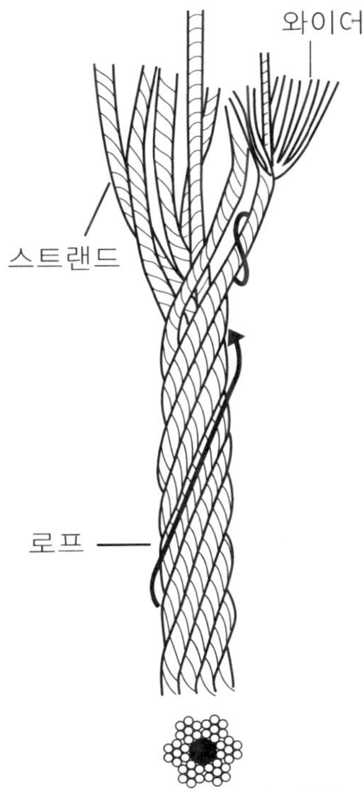

[그림4]

스트랜드를 구성하는 소선수에 따라 다음과 같이 분류한다(그림5).

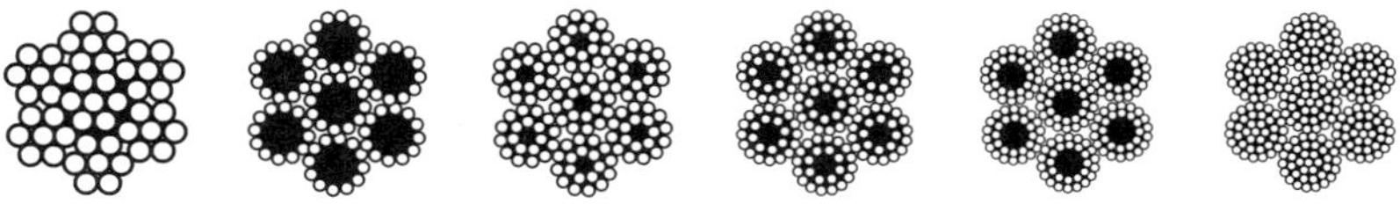

1호 2호 3호 4호 5호 6호

[그림5]

제2표 와이어 로프의 분류

호 별	구성기호	구성 방법
1 호	6 x 7	7개선 6연, 중심섬유
2 호	6 x 12	12개선 6연, 중심 및 각 스트랜드 중심섬유
3 호	6 x 19	19개선 6연, 중심섬유
4 호	6 x 24	24개선 6연, 중심 및 각 스트랜드 중심섬유
5 호	6 x 30	30개선 6연, 중심 및 각 스트랜드 중심섬유
6 호	6 x 37	37개선 6연, 중심섬유

[비고] 구성기호 : (로프중의 스트랜드수) X (스트랜드 중의 와이어 수)

〈참 고〉

1. 마색의 특수한 것(범선시대에 사용하던 것)
   (1) 호저 레이드 로프(Hawser laid rope) : 오디너리 로프(Ordinary rope _보통의 로프)를 말한다.
   (2) 케이블 레이드 로프(Cable laid rope) : 오디너리 로프 3개를 스트랜드로 하여 S꼬임 한 것.
   (3) 슈라우드 레이드 로프(Shroud laid rope) : 심색(心索, Heart)의 주위에 4개 또는 그 이상의 스트랜드로 꼰 것.

(4) 워터레이드 로프(Water laid rope 또는 Back handed rope) : 스트랜드와 얀을 같이 Z꼬임 하고, 이것을 S꼬임한 로프이며, 오디너리 로프와 같이 얀과 스트랜드의 꼬임 방향이 서로 다른 것을 플레인 레이드 로프(Plain laid rope)라고 한다.

2. 와이어 로프의 특수한 것(선박 이외에서 사용되는 것)(그림6).

(1) (2) (3)

[그림6]

(1) 보통연(普通燃) : 오디너리 레이(Ordinary lay _선박에서도 사용함)
와이어 로프의 소선과 스트랜드의 꼬임 방향이 반대방향인 꼬임방법.

(2) 역연(逆燃) : 랑스 레이(Lang's lay), 로프와 스트랜드가 같은 꼬임인 것.

(3) 교호연(交互燃) : 올터네이트 레이(Alternate lay), Z꼬임 스트랜드와 S꼬임 스트랜드를 서로 번갈아 꼰 것.

3. 얀(Yarn)과 스레드(Thread)

화학섬유와 같이 처음부터 긴 실로 만들 수 있는 것이나, 삼과 같이 방적해서 되는 것, 즉 제1차적인 실(로프나 직물의 원사)을 얀(Yarn)이라 한다. 원사를 2본 이상 꼬아 재봉사와 같은 제2차적인 실로 만든 것을 스레드(Thread)라 한다.

4. 합성섬유 원사의 종류 판정법(제3표)

제3표 합성섬유 원사의 종류 판정법

섬 유	비중	연 소 시 험 (연사를 풀어 그 끝에 불꽃을 접근시킨다)		
		연소의 상태	냄 새	시험후의 상태
POLYPRO PYLENE	0.91	용해하여 구상이 되면서 연소	양초 냄새	재는 거의 없다.
POLYE THYLENE	0.95	수축하면서 연소.	양초 냄새	냉각하면 갈색인 덩어리가 된다.
NYLON	1.14	용해하여 약간 불꽃을 내다 연소가 계속되지 않는다.	특수한 AMID 냄새	잡아당기면 실같은 형상이 되나, 냉각후는 유리알 모양이고 단단하다.
VINYLON	1.26 ~ 1.30	수축하며 서서히 연기를 발하고 연소.	POPAL이 연소할 때의 특수 냄새.	부정형 괴상의 재
POLYESTER	1.38	용해하며 약간 불꽃을 내나 연소는 계속하지 않음.	방향족 냄새	유리 같은 굳은 재
VINYLIDENE	1.70	수축하고 용해하나 연소하지 않음	특유한 염소 냄새	불규칙하고 약한 흑색 덩어리,
POLYVINYL	1.39	VINYLIDENE 과 같으나 수축이 빠르다.	VINYLIDENE 과 같음.	VINYLIDENE 과 같음.
솜, 심 삼	1.54	용해하지 않고 잘 연소한다.	종이타는 냄새	소량의 재
레이온	1.50 ~ 1.52	솜 · 심삼과 같음	솜 · 심삼과 같음	솜 · 심삼과 같음

[비고]

(1) 연사 끝을 풀고 성냥불을 댄다.

(2) 요드칼리 포화수용액 100cc에 요오드 20g을 용해시킨 용액에 시료(試料)를 1분간 담군 후 충분히 씻고 바람에 말린다.

용해시험						착색시험		비중법(4)					
빙초산 비 등	외산 (80%) 실온	염산 (38%) 실온	유산 (80%) 실온	동안액 실온	시크로 핵사논 실 온	요 드 요드칼리 액 (2)	혼합염로 (3)	물	A 액	B 액	C 액	D 액	E 액
불용	불용	불용	불용	불용	불용	불염	담황색	부상	부상	부상	부상	부상	부상
불용	불용	불용	불용	불용	불용	불염	담암록색	부상	부상	부상	부상	부상	침강
용해	용해	용해	용해	불용	불용	갈색	갈색	침강	부상	부상	부상	부상	침강
불용	용해	용해	용해	불용	불용	청회색	카키색	침강	침강	부상	부상	부상	침강
불용	불용	불용	불용	불용	불용	불염	담황록색	침강	침강	침강	부상	부상	침강
불용	불용	불용	불용	불용	용해 곤란	불염	담황록색	침강	침강	침강	침강	침강	침강
불용	불용	불용	불용	불용	용해	불염	담황록색	침강	침강	침강	부상	부상	침강
불용	불용	불용	용해	용해	불용	거의무색	적색	침강	침강	침강	침강	부상	침강
불용	불용	용해	용해	용해	불용	심청색	선적색	침강	침강	침강	침강	부상	침강

(3) C.I. Direct Red 23·········0.2g
C.I. Disperse Yellow 3···0.2g
C.I. Acid Blue 104·········0.2g
무 수 망 초·····················0.6g
물·······························150cc

에 시료를 90~95cc에 약10분간 담군 후 충분히 물로 씻고 바람에 말린다.

(4) 4염화탄소($d\frac{20}{4} = 1.594$) 및 키시렌($d\frac{20}{4} = 0.863$)
을 써서 조정한 다음 비중액에 시료를 넣는다.

	비중	4염화탄소	키시렌
A액	1.199	46%	54%
B액	1.345	66%	34%
C액	1.448	80%	20%
D액	1.594	100%	–
E액	0.930	7%	93%

(3) 치수

① 굵기(그림7)

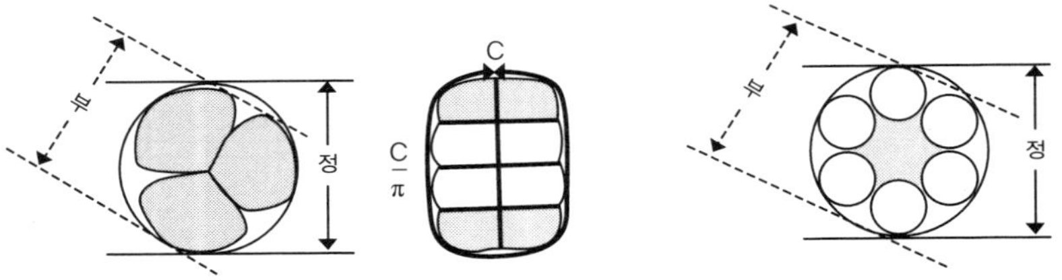

[그림7]

외접원(外接円)의 직경을 mm로 표시한다. 단, 각각의 로프(Sennit)는 주위의 길이를 π로 나눈 수치를 mm로 표시한다.

② 길이

1Coil = 200m (단, 최근에는 400m, 500m도 있음)

(4) 중량과 강도

[제3표] 합성섬유 원사의 종류 판정법

종류		보통색					
구분	직경 (mm)	마니라삼	나일론	비닐론	폴리에티렌	폴리에스터	폴리 프로피렌
중량(kg/200m)	10	14.7	12.1	12.0	10.0	14.7	9.7
	20	58.7	48.5	49.4	41.1	58.8	38.8
	30	132.0	109.0	110.0	92.4	132.0	87.3
	40	225.0	194.0	197.0	164.0	235.0	155.0
절단하중 (ton)	10	0.72	2.10	1.06	1.11	1.59	1.41
	20	2.61	7.65	3.83	4.05	5.79	5.10
	30	5.54	16.30	8.10	8.61	12.30	10.80
	40	9.73	27.80	13.80	14.70	21.00	18.50

종류		각편색					
구분	직경 (mm)	마니라삼	나일론	비닐론	폴리에티렌	폴리에스터	폴리 프로피렌
중량(kg/200m)	10	14.6	11.7	12.0	10.0	14.3	9.6
	20	56.0	48.6	48.2	39.2	59.5	37.9
	30	131.0	111.0	107.0	85.0	135.0	88.5
	40	219.0	193.0	191.0	158.0	240.0	155.0
절단하중 (ton)	10	0.86	2.10	1.02	1.15	1.51	1.47
	20	3.02	7.99	3.71	4.08	5.69	5.13
	30	6.63	17.00	7.78	8.44	12.20	11.00
	40	10.70	28.10	13.40	14.90	20.70	18.70

[제4표] 와이어 로프의 표준중량 및 절단하중

종류		아연도금 보통 Z 꼬임 와이어 로프					
구분	직경 (mm)	1호	2호	3호	4호	5호	6호
중량(kg/m)	10	0.370	0.258	0.365	0.323	0.310	0.360
	20	1.48	1.03	1.46	1.33	1.24	1.44
	30	3.33	2.32	3.29	2.99	2.79	3.24
	40	5.92	4.13	5.84	5.31	4.96	5.76
절단하중 (ton)	10	5.46	3.27	4.95	4.64	4.19	4.99
	20	21.8	13.5	19.8	18.5	16.7	19.9
	30	49.1	29.8	44.6	41.8	37.6	44.8
	40	87.2	53.7	79.2	74.2	67.0	79.7

[제5표] 마닐라 로프 같은 효력을 갖는다고 인정되는 합성섬유 로프의 직경의 비교(선박 설비규정 제130조)

선박설비 규정 별표 1 또는 별표 4에 의한 마닐라 로프 지름(mm)	대용하는 나일론 로프 또는 폴리에스텔 로프의 지름(mm)	대용하는 비닐론 로프 또는 폴리에스텔 로프의 지름(mm)
20	14	17
22	15	19
24	17	20
28	20	24
30	21	25
32	22	27
35	25	30
40	28	34
45	32	38
50	35	42
55	39	46
60	42	50
65	46	55
70	49	60
75	53	65

《참 고》

1. 강도의 계산법

(1) 파단력 (破斷力, Breaking strain) = 절단하중(切斷荷重)

마닐라 로프 : 6X{색경(mm)}^{2}kg

4호 강색 : 47X{색경(mm)}^{2}kg

(2) 안전사용력(安全使用力, Working strain) : $\dfrac{\text{절단하중}}{\text{안 전 율}}$

안전율은 통상 6으로 하나 충격이 크면 10~12 이상이고 낡아짐에 따라 커진다.

(3) 같은 종류의 대형로프와 소형로프 간의 강도의 비 $\left\{\dfrac{\text{대형로프의 직경(mm)}}{\text{소형로프의 직경(mm)}}\right\}^2$

제2절 로프의 성질과 취급

(1) 마닐라 로프의 성질

① 건습(乾濕)

습기에 약하고 곰팡이가 생기기 쉽다. 고온에서 극단으로 건조시키면 건조부패(Dry rot)가 일어난다.

② 수분(水分)

물에 젖은 채 사용하면 물이 윤활유의 작용을 하여 이 때문에 강도는 증가하나 사후 건조를 게을리 하면 내부발효로 인하여 부패한다.

③ 기후(氣候)

습도가 높아지면 섬유가 수축되고 건조하면 신장된다.

④ 꼬임(撚)

무른 꼬임은 강도가 증가하나 습기를 흡수하기 쉽고, 된 꼬임은 강도는 감소하나 마찰에 대한 저항이 증가한다.

⑤ 기름(油)

강도증가를 목적으로 제조과정 중 질량의 약10%에 상당하는 기름을 침투시키나 기름량이 많으면 사용중에 오히려 강도가 감소되고 굳어진다.

⑥ 내부마찰(内附摩擦)

내부에 있는 섬유일수록 짧아 급격히 긴장시키면 외측의 섬유로부터 압력을 받아 내부섬유가 먼저 끊어진다.

⑦ 킹크 (Kink _밧줄의 비틀림)

꼬임과 풀림을 동시에 받으면 비틀리고 그대로 잡아당기면 킹크가 생긴다(그림8).

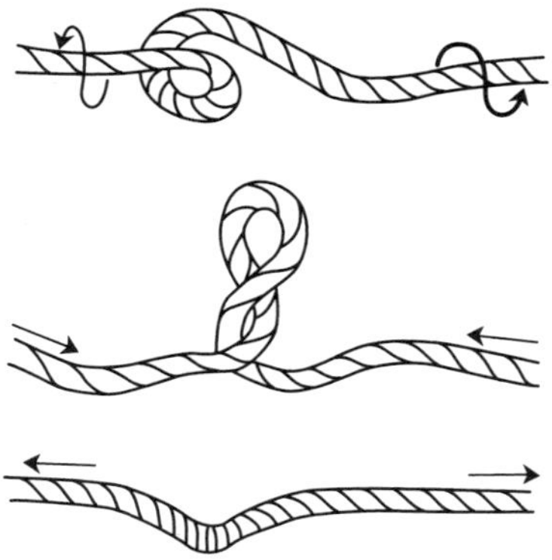

[그림8]

(2) 합성섬유 로프의 성질

원료 섬유의 종류에 따라 성질이 상이하나 공통점으로는 식물섬유 로프보다 강하고 가볍고 부식(腐蝕)되지 않으나, 신장성(伸張性)이 크고 매끄러운 결점이 있다.

(3) 와이어 로프의 성질

① 소선(素線)

직경이 같은 경우엔 소선 수가 많고 가늘수록 유연하나 강도는 소선이 굵고 그 수가 적을수록 크다.

② 심색(心索)

직경이 같은 경우 스트랜드의 중심에 마심이 있는 쪽이 유연하다.

③ 풍화(風化)

표면의 기름이 풍화하면 내부의 심색에 있는 기름도 건조하고 습기를 흡수하여 부식하며, 탄력성을 잃으므로 사용 중에 뒤틀려 소선이 잘 끊어진다.

④ 마찰(摩擦)

무리한 사용방법으로 마찰이 심하면 마모, 단선 등을 촉진하고 때로는 가열되어 수명을 짧게 한다.

⑤ 건습(乾濕)

고온 건조하면 기름이 말라 심색이 낡아 강도가 감소한다. 드 습기와 산에 약하고 부식이 용이하다.

⑥ 단선(斷線)

부식, 하중, 마찰에 의하여 단선이 생기고 이것이 많아지면 손을 다친다.

⑦ 킹크

심색의 기름이 추출(抽出)되고 스트랜드를 변형시켜 원상복귀가 곤란하므로 강도가 현저히 저하한다.

(4) 새 로프를 푸는 법

① 섬유 로프의 경우 (그림9)

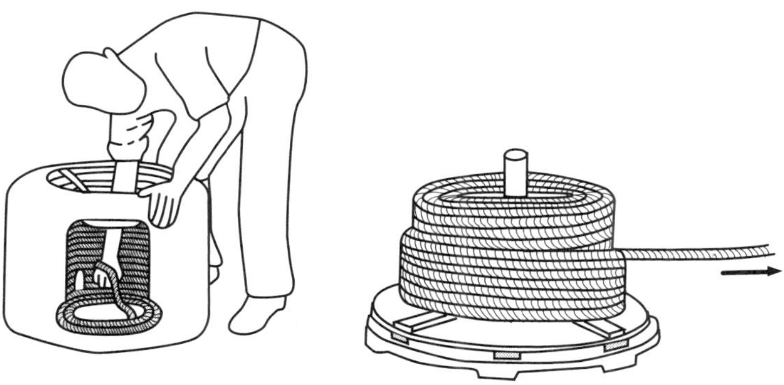

[그림9]

끌어내려는 색단을 아래에 놓고 둥치의 가운데 구멍에 손을 넣어 끄집어내던가 롤러 위에 얹어 돌리면서 푼다.

② 와이어 로프의 경우 (그림10)

[그림10]

둥치를 갑판 위에서 굴리거나 롤러 위에 놓고 돌리면서 푼다.

(5) 로프 감는 법

Z꼬임은 시계침 방향, S꼬임은 반시계침 방향으로 감는다(그림11).

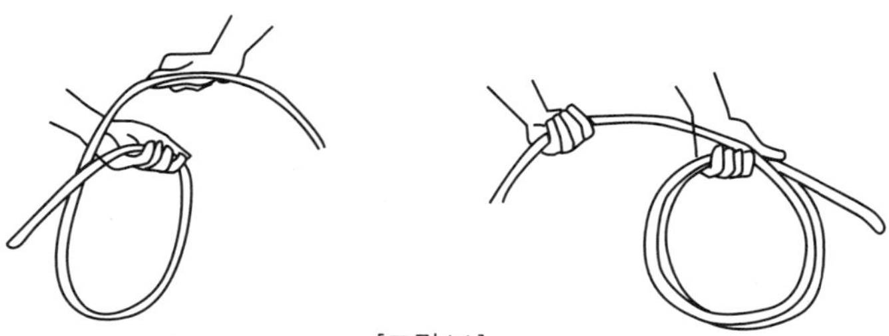

[그림11]

와이어 로프를 무리하지 않게 때때로 잘 굽히는 쪽, 즉 반대방향으로도 회전시키면서 자연스럽게 감아두기도 한다(그림12).

①　②　③

[그림12]

① 코일어프(Coil up)

로프를 핀(Pin) 또는 클리트(Cleat)고리에 걸어 감아두는 일.

a. 빌레잉 핀(Belaying pin) (그림13)

b. 클리트(Cleat) (그림14)

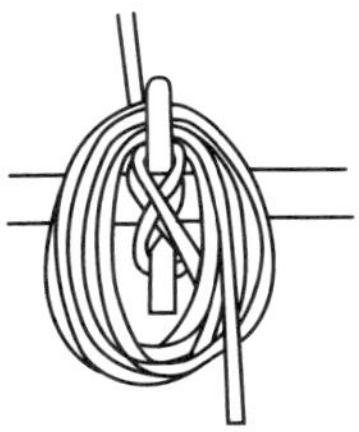

[그림13]

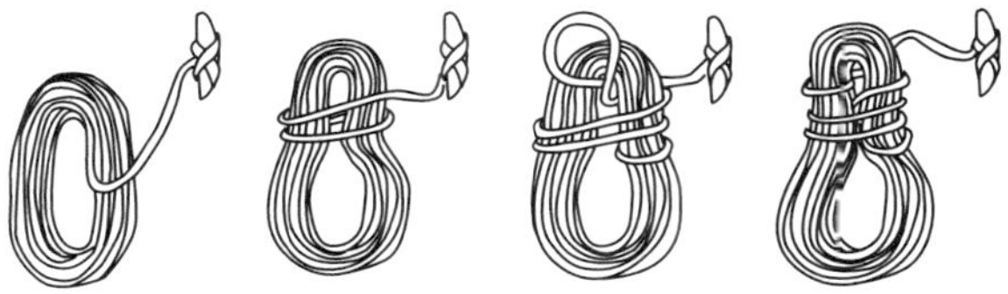

[그림14]

c. 짧은 로프 (그림15)

d. 긴 로프 (그림16)

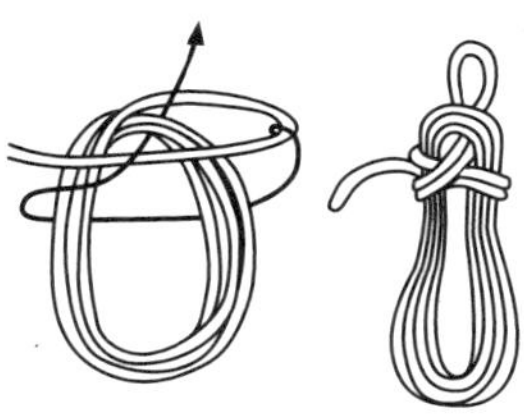

[그림15]

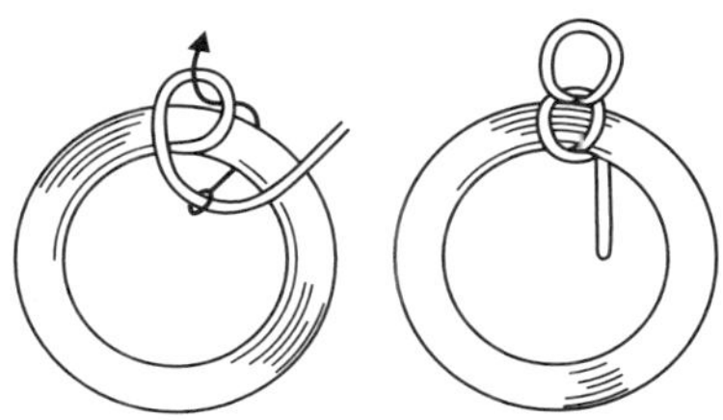

[그림16]

② 코일다운(Coil down)

로프가 쉽게 풀리며 킹크가 생기지 않게 마루나 갑판에 정돈하는 일.

a. 스트레이트 코일(Straight coil) (그림17)

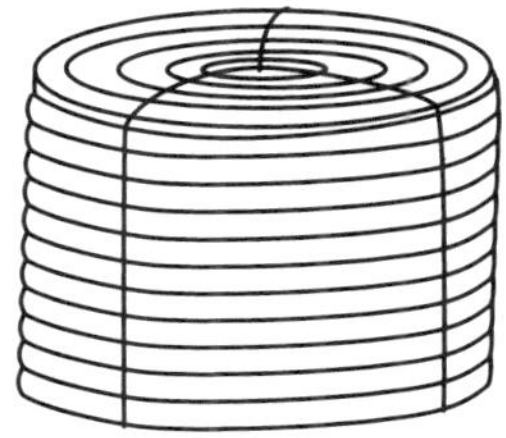

[그림17]

b. 데크 코일(Deck coil, Flat coil) (그림18)
c. 치즈 다운(Cheese down) (그림19)
d. 프렌치 코일(French coil) (그림20)

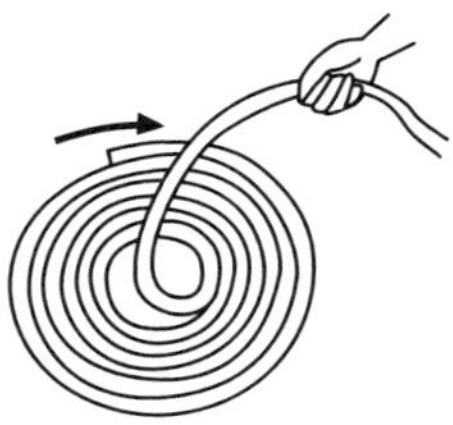
[그림18]

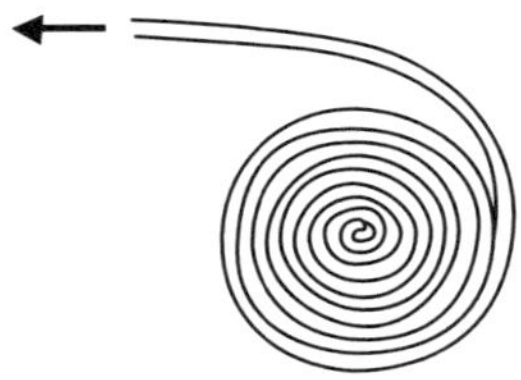
[그림19]

[그림20]

e. 플레미시 다운(Flemish down) (그림21)
f. 롱 플레이크(Long flake) (그림22)
g. 프렌치 플레이크(French flake) (그림23)

[그림21]

[그림22]

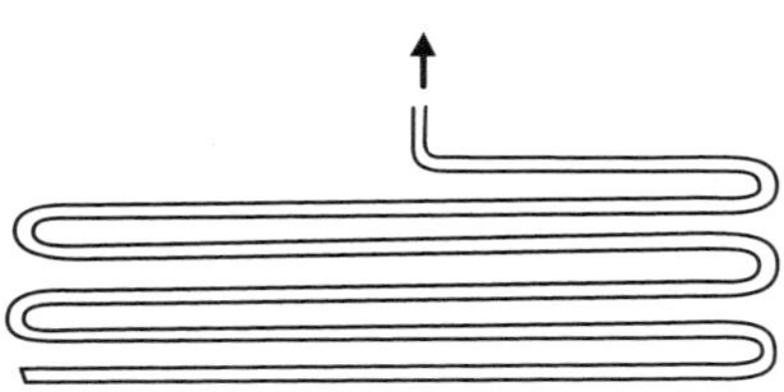
[그림23]

h. 8자 플레이크(Figure of eight flake) (그림24)

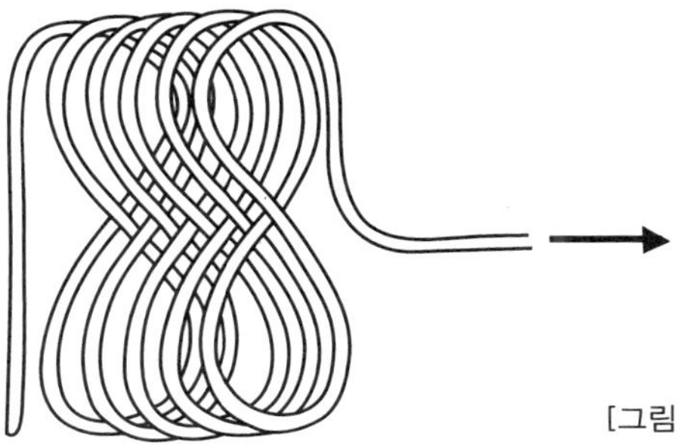

[그림24]

(6) 로프 워크의 도구

① 섬유 로프류 (그림25)

a. 로프 나이프(Rigger' s knife)
b. 시드 나이프(Sheath knife)
c. 프리커(Steel pricker)
d. 목제 스파이크(Fid)
e. 서빙 말레트(Serving mallet)
f. 로핑 팜(Roping palm)
g. 로핑 니들(Roping needle)
h. 플라이어(Pliers)

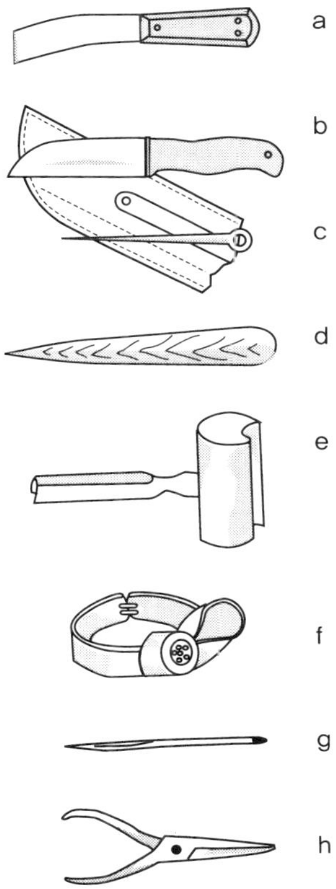

[그림25]

② 와이어 로프류 (그림26)

a. 리거 스크루 (Rigger's screw)

b. 와이어 카터(Wire cutter)

c. 니퍼(Nippers)

d. 해머(Hammer)

e. 철제 스파이크(Marline spike)

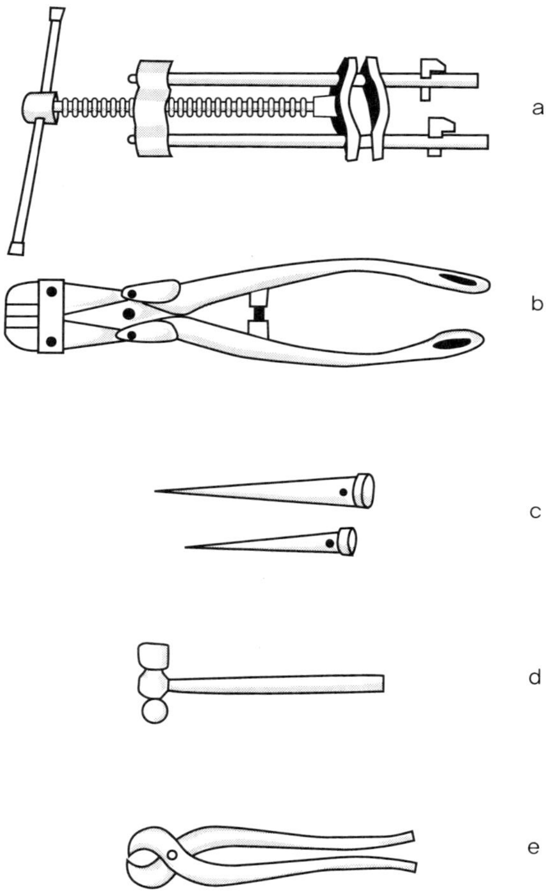

[그림26]

(7) 서빙(Serving)의 도해용구 (그림27)

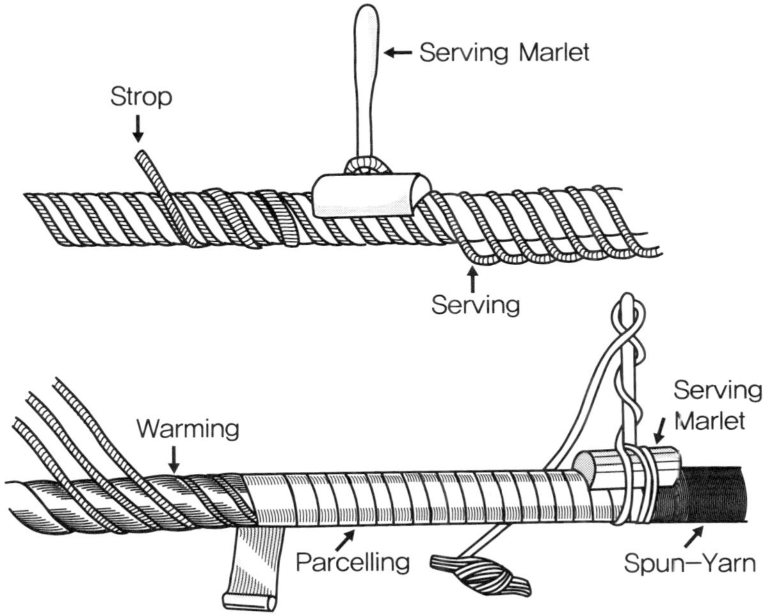

[그림27]

정색(靜索, Standing gear)을 비바람에서 보호하고 구동장치(動索, Running gear)와의 접촉으로 파손됨을 방지하기 위하여 다음과 같은 순서로 덧감기 하는 일을 서빙이라 한다.

① 워밍(Worming)

로프의 표면을 평활히 하기 위하여 스펀얀으로 로프의 골을 메우는 방법이며, 서빙말레트와 스트롭으로 조인다.

② 파셀링(Parcelling)

식물성 타르를 침투시킨 색주의 반폭되는 낡은 돛베(돛을 만드는데 쓰는 질긴 천)로 만든 테이프를 그 폭의 $\frac{1}{3}$씩 겹쳐 로프의 꼬임에 따라서 감는다.

③ 서빙(Serving)

로프의 꼬임과는 역방향으로 서빙 말레트를 써서 마린(Marline)을 조이면서 감아 완성한다.

⟨ 참 고 ⟩

1. 가는로프(細索, Small stuff 또는 Small cordage)

원래 마닐라 로프는 그 굵기에 따라 분류하는데 40mm이상을 호저, 38~16mm를 라인, 14mm이하를 세삭(가는로프)이라 불렀다. 선박의 변천과 각종 로프의 개발에 따라 이러한 구별은 실정에 맞지 않게 되었으므로 지금은 타르 로프, 마린, 스펀얀, 등의 명칭을 혼용하고 있다.

가는로프의 크기는 구성하는 얀의 수로 표시하며, 얀을 스레드라고 부를 때도 있다. 24개 스레드가 최대이며 스레드의 수와 꼬임으로써 분류한다. **래트라인**(Ratline _**줄사다리**)과 **래싱로프**(Lashing rope)에 사용하는 비교적 굵은 것을 **래트라인 스터프**(Stuff), 서빙이나 시징(Seizing)에 사용하는 것을 **시징 스터프**라 부르며, 어느 것이나 스트랜드 3개, Z꼬임의 타르 로프인데 타르를 염하지 않은 대마 로프로서 비교적 굵은 것을 **함브로라인**(**Hambroline, Hamber-line, Humberline**), 타르염과는 상관없이 가는 것을 라운드 라인(Roundline), 라운드라인의 S꼬임을 **하우스라인**(**Houseline**), 그리고 더 가늘고 스트랜드 2개 S꼬임을 **마린**(**Marline**)이라 구별한다.

질이 좋은 마린을 특히 **요트마린**(Yacht Marline)이라 부르며 흔히 마린이라 부르는 것은 실은 스펀 얀일 때가 많다. 스펀 얀은 2개, 3개 또는 4개의 스트랜드를 S꼬임한 것이며, 가는로프들에 비하면 매우 조잡하고 선내에서는 낡은 로프로 간단히 만든다.

2. 로프와 라인

로프를 단지 굵기만으로 분류하는 경우 다음과 같은 특수한 용도에 사용하는 것을 제외하고는 로프(Rope)라 하지 않고 라인(line)이라 부른다.

Manrope, Footrope, Boltrope, Ridgerope, Diprope, Bullrope, Wheelrope 등.

3. 유압식(油壓式)와이어 로프 절단기(切斷機)

유압을 이용한 절단기이며, 와이어 로프의 굵기에 따라 대소가 있고 비교적 가벼워서 휴대할 수 있다. 혼자서 굵은 와이어 로프를 안전하고 간단하게 끊을 수 있으며, 단시간에 많은 로프를 끊고자 할 때 매우 편리하다.

(8) 보존과 손질

① 섬유 로프

격납할 장소는 통풍이 좋고 습기가 없는 곳을 택하며, 젖은 것은 갑판에서 충분히 건조시킨 후 굵은 것은 자새(Reel)에 감고 기타는 스트레이트 코일하거나 또는 프렌치 코일할 때는 격자(格子)위에 쌓되 중앙을 넓게 벌려둔다(그림28).

또는 비트(Bitt), 페어리더(Fair Leader), 무어링 홀(Mooring Hole)등과 접촉하는 부분은 체이핑 기어(Chafing gear _로프의 마찰부분에 낡은 돛배나 로프를 푼 것을 감는 일)하여 파손을 방지한다.

[그림28]

② 와이어 로프

섬유로프과 같은 주의가 필요하며, 해수에 젖은 것은 깨끗한 물로 씻고 말려 주유한 후 격납한다. 토사나 녹이 묻은 것은 잘 떨어내고 로프 오일을 충분히 바른다.

로프 오일은 아마인유, 원유 또는 소량의 흑연을 섞은 윤활유, 식물성 타르, 보일유 등이 적당하고 산성 또는 알카리성유와 콜타르는 와이어 로프를 부식시키므로 부적당하다.

(9) 끝맺음

① 섬유 로프

a. 휘핑(Whipping) (그림29)

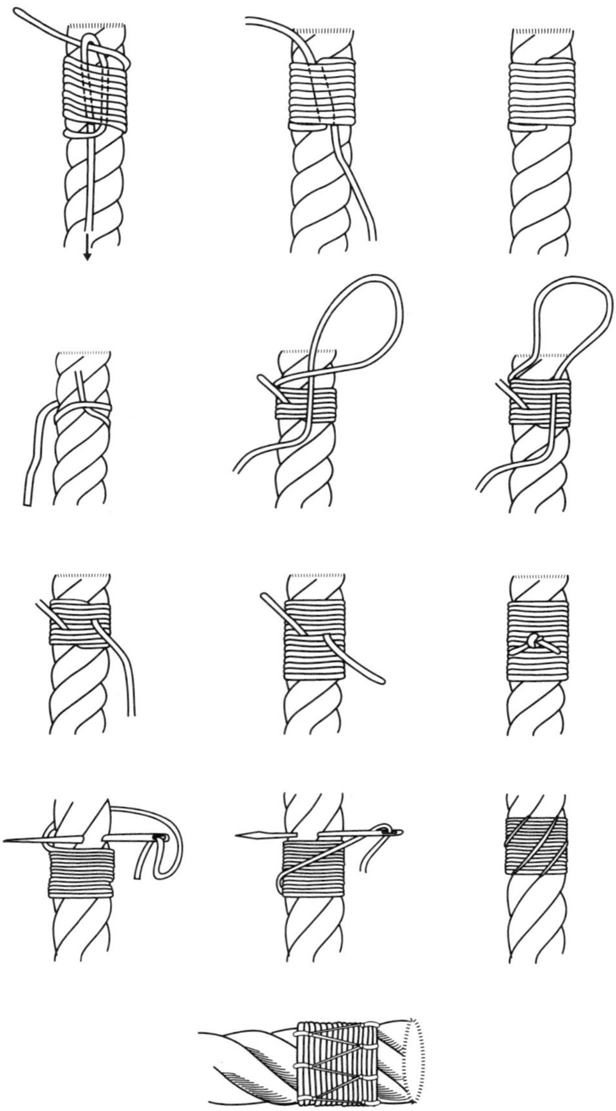

[그림29]

b. 포인팅(Pointing) (그림30)

로프 끝에서 적당한 곳(흔히 끝에서 로프 둘레의 3배 정도인 곳)을 휘핑과 같은 요령으로 묶고 끝부분의 꼬임을 풀어서 얀을 풀어 헤친다.

그리고 바깥쪽 얀 1개 또는 2개를 손가락으로 꼬아 네틀을 만들어 이 네틀을 로프 주부에다 일시적으로 고정시켜 두고 남은 중심부의 얀 끝을 뾰족하게 깎아 트와인으로 묶는다.

네틀은 1개씩 건너 위로 올리고 트와인을 경사(Warp)로 하여 ③과 같이 3회 정도 심에다 감는다. 다음은 위쪽 네틀을 아래로, 아래쪽 네틀을 위로 엇바꾸어 트와인으로 묶은 후 이 작업을 끝까지 반복한다.

맨 나중에 위가 된 네틀을 각각 바이트(Bight _로프가 이중으로 묶인 형태의 고리)로 만들고 트와인을 그 속으로 차례대로 끼우며, 바이트로 만든 네틀은 포인팅을 역으로 엮어 8자형이 되도록 작은 스파이크를 써서 조인다.

트와인은 끝에 생긴 고리를 통하여 히치를 끝맺음하고 필요없는 부분을 모두 자른다. 이 때 심의 끝은 포인트 끝 보다 조금 길게 해둔다.

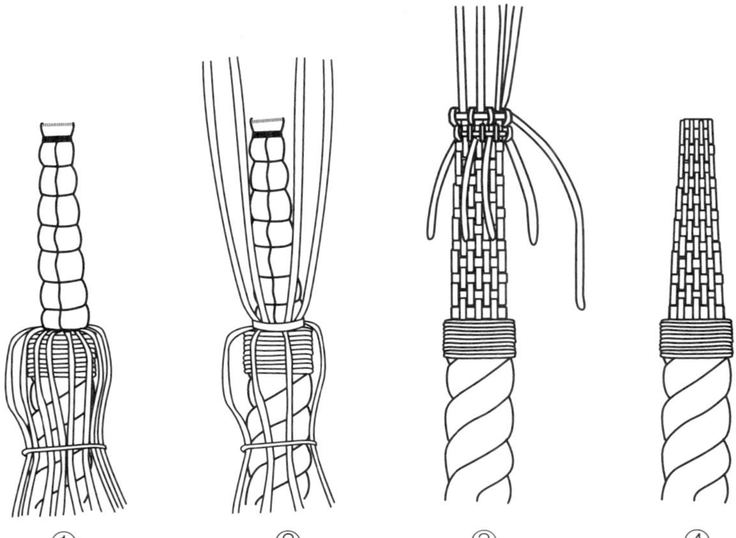

[그림30]

c. 호저 포인팅(Hawser Pointing) (그림31)

흔히 하는 포인팅에서 최후에 심이 되는 얀을 좀 길게 하고 이것을 3개의 가는 스트랜드로 꼬아 만들며 포인트 끝에 작은 고리를 만든다. 이 고리가 리빙 라인(Reeving line)을 묶기 위한 베켓(Becket)이며, 별도로 작은 로프로 베켓을 만들어 붙일 때도 있다.

[그림31]

d. 그래프팅 (그림32)

포인팅을 만들 때 네틀을 꼬지 않고 얀을 모두 모아 끝을 가늘게 깎아 니들 히칭(Palm and Needle Hitching)으로 커버하는 방법이다.

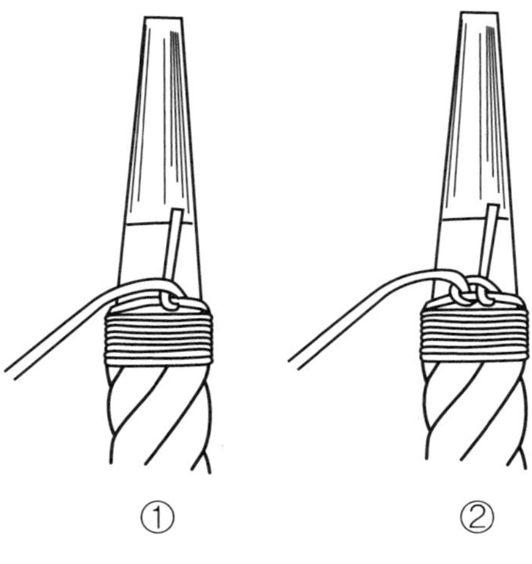

[그림32]

② 와이어 로프

시징 와이어를 색경 3배 정도의 길이까지 시징로드(Seizing rod) 또는 말렛트로 감아 조인다(그림33).

로프를 끊을 때는 꼬임이 풀리지 않게 절단부분 양쪽에 시징해 둔다(그림34).

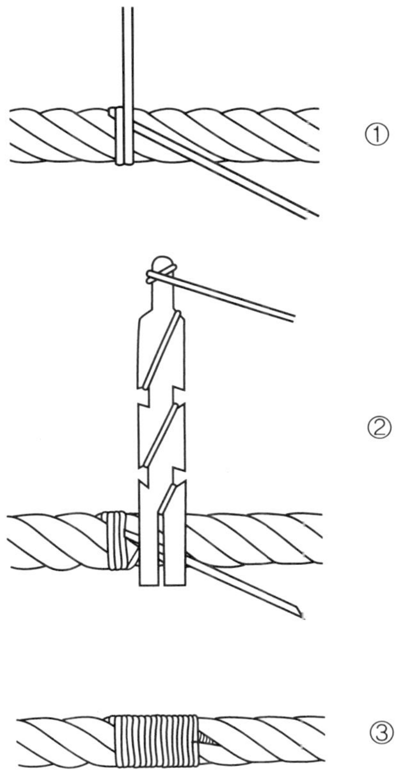

[그림33]

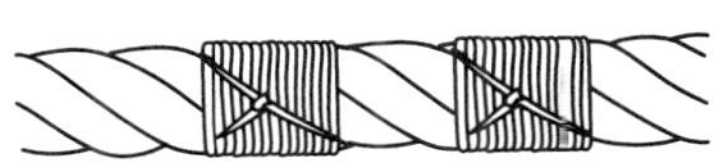

[그림34]

(10) 로프의 폐물이용

① 섬유 로프

a. 스펀 얀(Spun yarn) : 로프 메이커즈 윈치(Rope makers Winch)로 만든다(그림35).

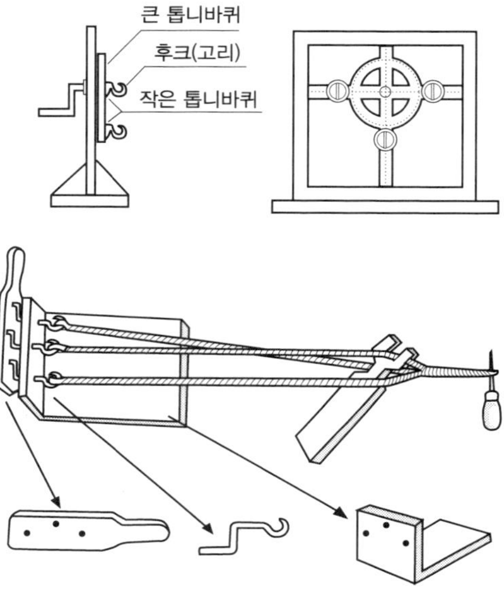

[그림35]

b. 네틀(Nettle) : 3개 이상의 얀을 손으로 단단히 꼰 가는로프

c. 바스트 라인(Bast line) : 2매의 나무껍질을 손으로 엮은 가는로프 (그림36)

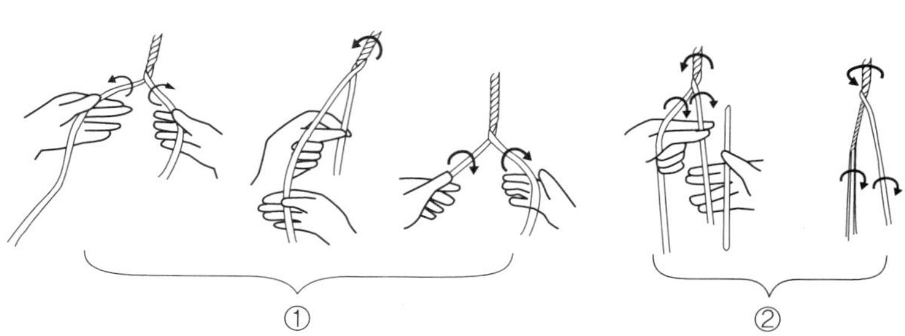

[그림36]

d. 폭스(Fox) : 2개의 얀을 각각 반대방향으로 꼰 가는로프

e. 세니트((Sennit 編索) :
납짝 세니트(Flat Sennit) (그림37)
둥근 세니트(Round Sennit) (그림38)
모 세니트(Square Sennit) (그림39)

f. 정크 (Junk) : 낡은 로프를 풀어 좋은 부분만 고른 얀인데 가는로프이나 걸래 (Swab)의 재료가 된다.

g. 오컴 (Oakrnn) : 낡은 돛배나 로프를 풀어 섬유로 되게 만든 것 인데 갑판의 코킹(Caulking)이나 펜더 (Fender, 防肢 物)의 속을 채우는데 이용된다.

② 와이어 로프

낡은 와이어 로프 중에서 좋은 부분만 끊어 와이어 브러시를 만든다.

[그림37]

[그림38]

[그림39]

〈참 고〉

1. 합성섬유 로프의 끝맺음

   합성섬유 로프는 고주파 열처리로 꼬임이 풀리지 않게 가공하였으므로 휘핑대신 비닐테이프로 감아두는 수도 있다. 나일론이나 폴리프로피렌처럼 열에 의하여 녹는 것은 그대로 끝맺음이 된다. 그러나 원칙으로는 식물섬유 로프와 같이 휘핑해 둠이 좋다.

2. 시징 와이어 (Seizing Wire)

   가열 처리한 저탄소 강선(低炭素鋼線)에다 아연도금한 것으로 선박용으로는 1×7이 사용된다.

색 경 (mm)	사용 시징 와이어 경 (mm)	색 경 (mm)	사용 시징 와이어 경 (mm)
6~8	0.5	25~26	2.0
10~12	1.0	28~32	2.3
14~16	1.4	34~38	2.6
18~20	1.6	40~44	2.9
22~24	1.8	46~50	3.2

제3절 로프를 묶는 법

(1) 기본 구성형

매듭의 원칙적인 형은 노트(Knot), 바이트(Bight), 엔드(End)의 3요소로 되어있다(그림40).

로프의 한끝을 기둥에 묶는 경우 다른 곳에 이르는 나머지의 긴 부분을 특히 주부(主部, Standing Part)라 부른다(그림41).

결삭법을 그 명칭에 따라 다음과 같이 분류하나 엄밀한 구별은 없고 같은 방법이라도 노트와 벤드, 노트와 히치처럼 2종류 이상의 명칭을 부르는 경우도 적지 않다.

노트(Knot) : 매듭의 총칭이나 주로 1개의 로프에 매듭을 만드는 방법이며 결절(結節)이라고도 한다.

벤드(Bend) : 2개의 로프를 서로 묶는 방법이며, 결합(結合)이라 부른다.

히치(Hitch) : 로프를 다른 물체에 묶는 방법이며 결착(結着)이라 한다.

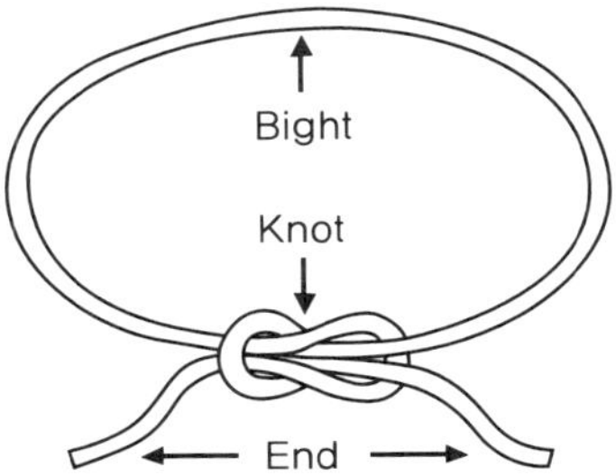

[그림40]

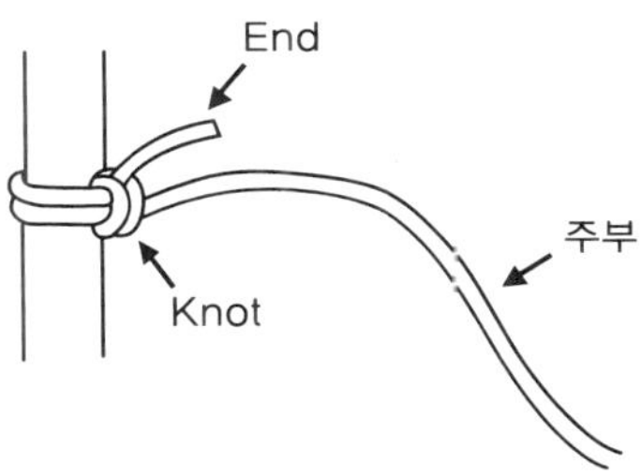

[그림41]

(2) 활차용통색(滑車用通索)의 스토퍼 노트(Stopper Knot _도드래 등에서 로프의 끝이 빠지는 것을 막는 매듭)

① 오버핸드 노트(Overhand Knot)또는 옥매듭(Thumb Krot) (그림42)

매듭의 크기가 가장 작으나 단독으로는 불안정하며 다른 결삭법의 일부분으로 쓰인다. 또한 일시적인 스토퍼(Stopper, 止索)로 이용되고 가는로프나 로프의 색단이 풀리는 것을 방지하는데 쓰인다.

[그림42]

② 피규어 오브 에이트 노트(Figure-of-Eight Knot _8자옥매듭) (그림43)
오버핸드 노트보다 더 튼튼하면서 비교적 풀기 쉽다.

[그림43]

③ 스티브도어즈 노트(Stevedore's Knot) (그림44)
선박의 하역에 사용되는 대형 활차의 로프에 스토퍼 노트로 한다.

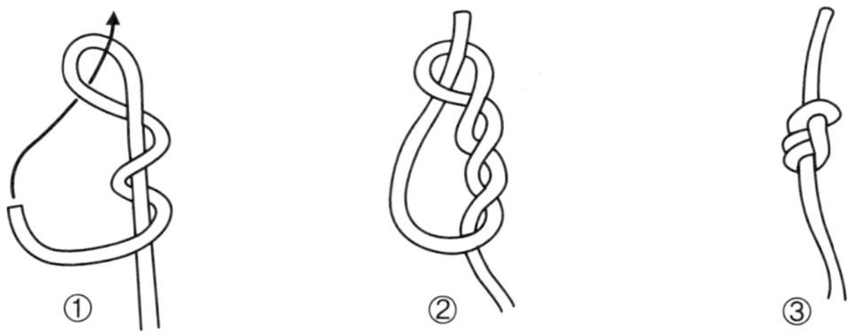

① ② ③

[그림44]

(3) 고리묶음(輪結)

① 루프 노트(Loop Knot) 또는 오버핸드 루프(Overhand Loop) (그림45)
로프 끝을 겹으로 잡고 오버핸드 노트 한 것인데 단단히 조이면 풀기 어렵다. 주로 짐꾸리기에 쓰인다.

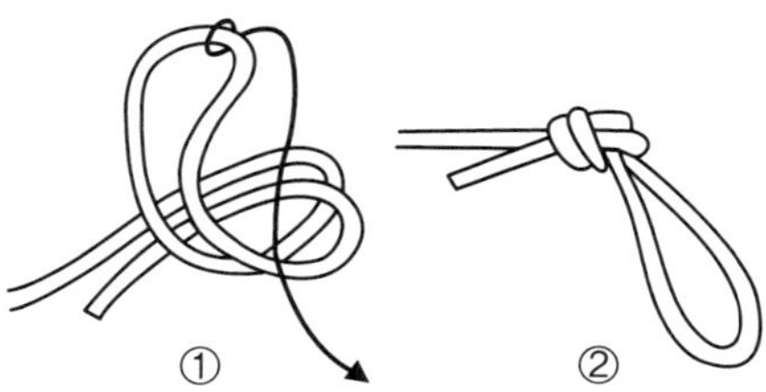

① ②

[그림45]

② 하네스 히치(Harness Hitch) (그림46)

중량물을 잡아 끌 때 사람의 어깨를 넣기 위하여 로프의 중간에 만든 고리이다.

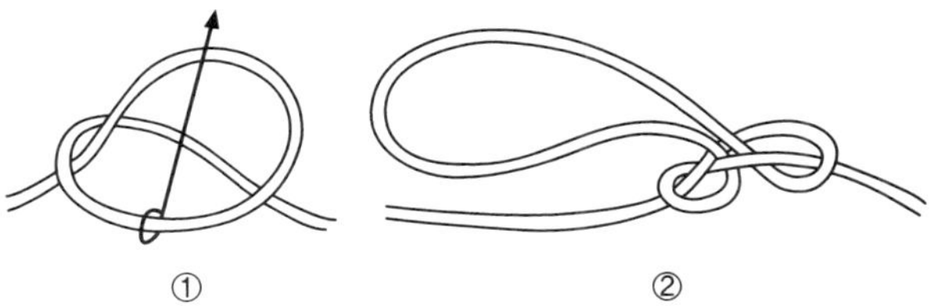

[그림46]

③ 보우라인 노트(Bowline Knot _올가미매듭) (그림47)

결색의 왕이라 부르듯 로프의 굵기에 관계없이 맺기 쉽고 풀기 쉬우며 매듭이 확실하고 안전하다.

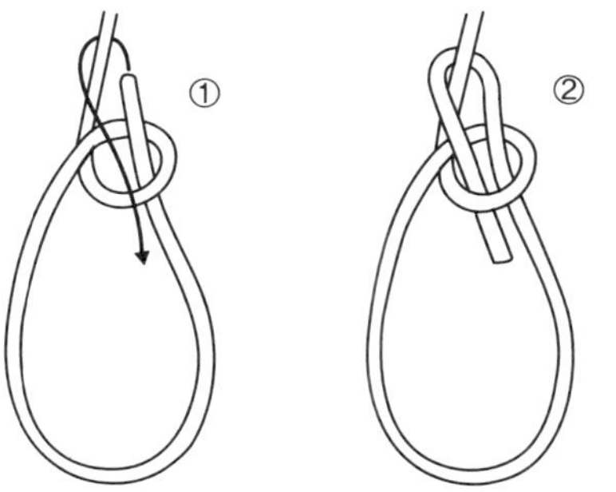

[그림47]

④ 런닝 보우라인(Running Bowline) (그림48)

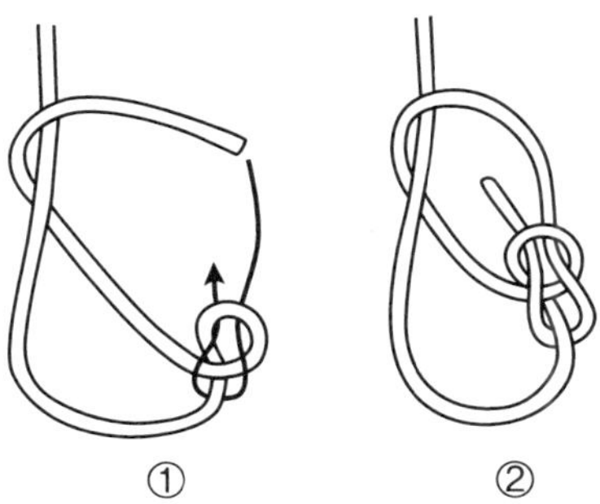

[그림48]

⑤ 보우라인 온 어 바이트(Bowline-on-a-Bight _겹 올가미매듭) (그림49)
의자처럼 사람이 앉을 수가 있는데 2개의 고리를 조절할 수 있어 편리하다.

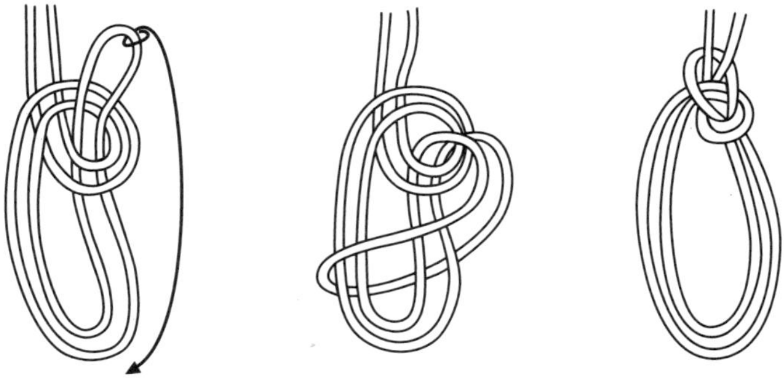

[그림49]

⑥ 크로스드 런닝 노트(Crossed running knot) (그림50)
⑦ 미드시프먼즈 아이 노트(Midshipman's eye knot) (그림51)
⑧ 피셔멘즈 아이 노트(Fisherman's eye knot) (그림52)
주로 가는로프용이다.

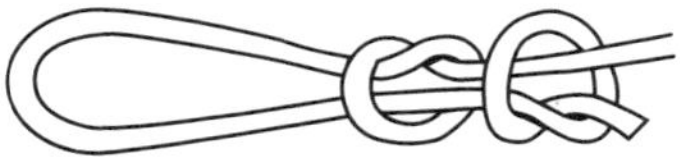

[그림50]

[그림51]

[그림52]

⑨ 번트라인 히치(Buntline Hitch) (그림53)

시트 벤드(Sheet bend) 보다 매듭이 더 단단하다.

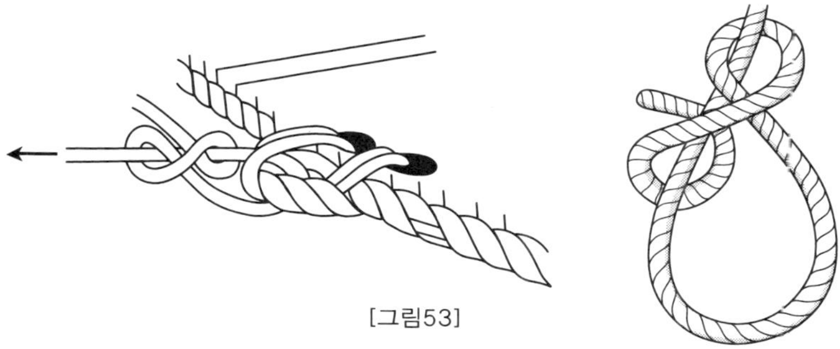

[그림53]

(4) 2개의 로프 결합

① 리프 노트(Reef knot) 또는 스퀘어 노트(Square knot _바른매듭) (그림54)

같은 굵기의 로프를 결합하기에 적당하나 굵기가 다르면 쉽게 풀린다. 잘못 묶으면 그래니 노트(Granny knot _엉터리매듭) 또는 러버즈 노트(Lubber' s knot)라는 비실용적인 매듭이 되므로 조심해야 한다.

[그림54]

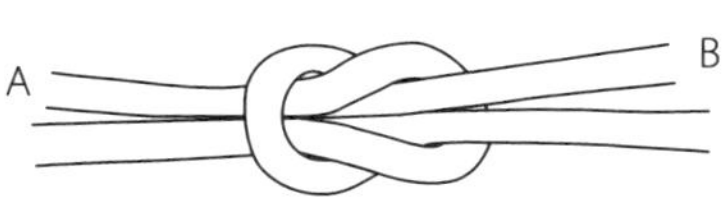

Square Knot

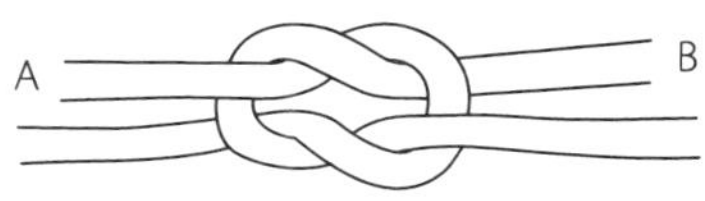

Granny Knot

② 시트 벤드(Sheet bend) 또는 위버즈 노트(Weaver's knot _홀막매듭) (그림55)

범선에서 돛의 클루(Clew)에다 시트(Sheet)를 묶는데 사용하여 직공(職工)이 끊긴 실을 재빨리 잇는데 쓰므로 Weaver의 knot, 그 외에 Common bend, Mesh bend, Simple bend, Ordinary bend, Single bend 등 많은 이름으로 불리며 사용 범위가 매우 넓다.

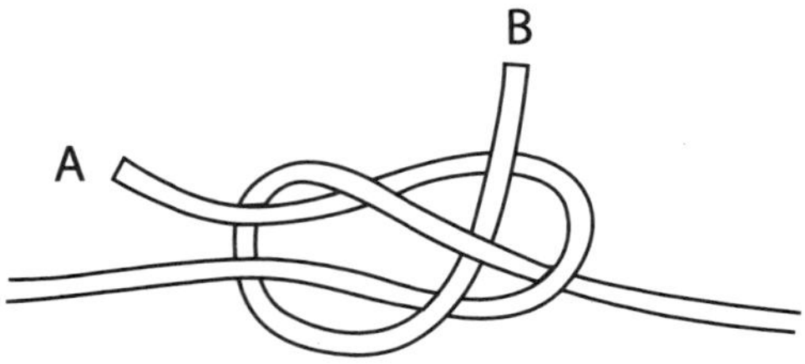

[그림55]

③ 더블 시트 벤드(Douvle sheet bend _겹막매듭) (그림56)

굵기가 서로 다르거나 또는 젖은 로프는 색단(索端)이 2회 거듭감기는 이 방법이 더 튼튼하다.

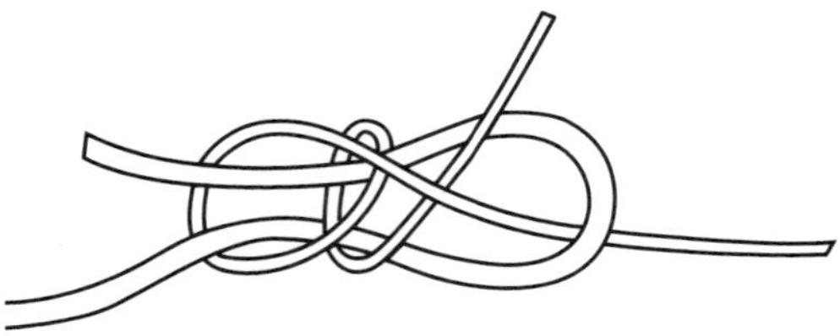

[그림56]

④ 캐리크 벤드(Carrick bend) 또는 세일러즈 노트(Sailor' s knot _막매듭) (그림57)

선박의 계류삭(係留索), 예삭(曳索)과 같이 굵은 로프에 적당하며 결합과 해탈이 용이하다. 호적(號笛)의 끈을 묶을 때는 시징하지 않고, 점선방향으로 돌려 조이면 스탠딩 터크즈 헤드(Standing turk' s head)가 된다.

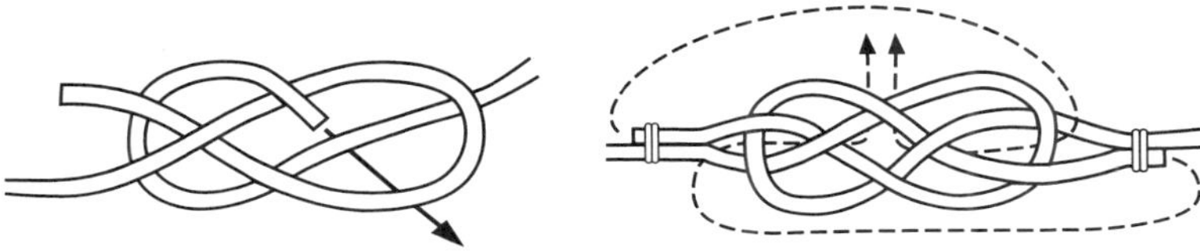

① ②

[그림57]

⑤ 호저 벤드(Hawser bend) (그림58)

대형로프용이다.

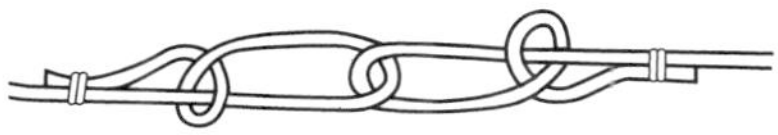

[그림58]

⑥ 리빙 라인 벤드(Reeving line bend _이어매듭) (그림59)

굵기가 다른 로프용.

[그림59]

⑦ 투 보우라인(Two bowlines _이어올가미 매듭) (그림60)

[그림60]

⑧ 피셔멘즈 노트(Fisherman' s knot) (그림61)

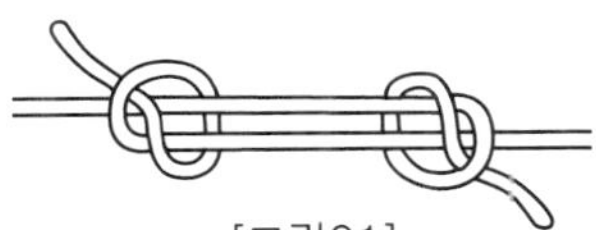

[그림61]

⑨ 로제트 노트(Rosette knot) (그림62)

스토퍼 노트(Stopper knot)의 응용.

[그림62]

⑩ 서전스 노트(Surgeon' s knot) (그림63)

외과의사가 수술실을 묶는 방법이며, 부드러운 돛베천을 둥치로 하여 묶는데 편리하다.

[그림63]

(5) 로프의 중간을 단축시키는 법

① 시프스행크(Sheepshank _줄여매듭) (그림64)

로프의 양단에 힘이 가해져 있을 때 중간에서 길이를 단축하는 방법인데 그대로는 불안정하므로 양쪽의 고리부분을 시징하거나(클로브 히치, Clove hitch)하면 안전하다.

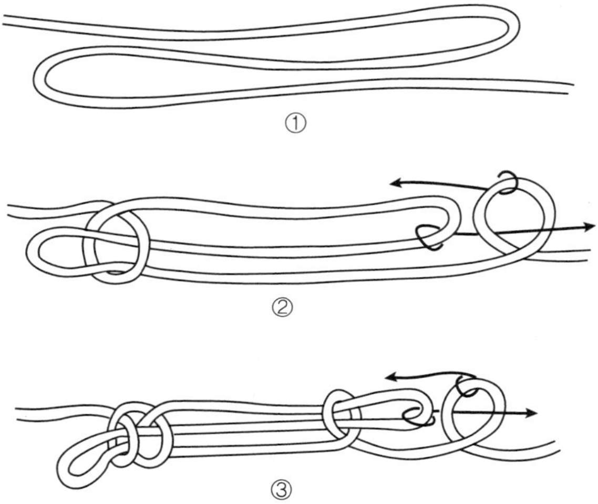

[그림64]

② 리프 노트 온더 바이트(Reef knot on the bight) (그림65)

바른 매듭을 응용한 것이다.

③ 노트 쇼트닝(Knot shortning) (그림66)

짧은 로프 전체를 단축시키는데 사용한다.

[그림65]

[그림66]

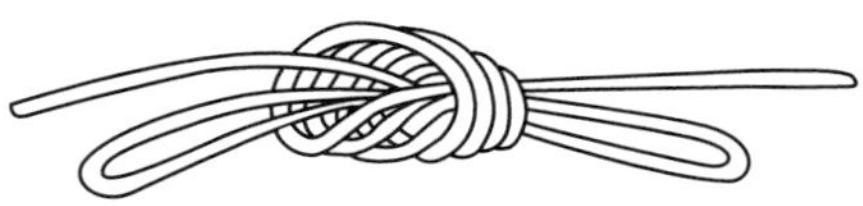

(6) 색단을 원재(Spar) 또는 고리에 매는 법

① 하프 히치(Half hitch _반걸이 매듭, 한매듭) (그림67)
기본적인 결삭법이며 단독으로는 사용하지 않는다.

② 투 하프 히치(Two half hitch) (그림68)

[그림67]

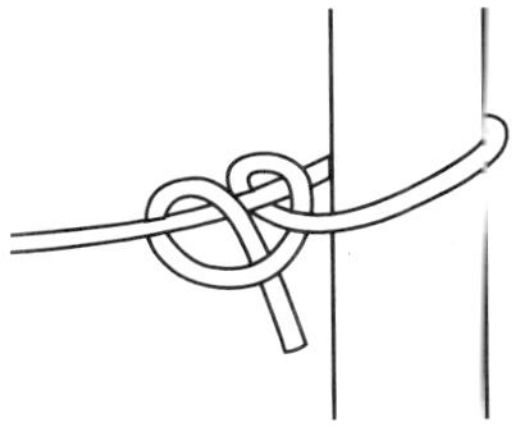
[그림68]

③ 라운드 턴 앤드 투 하프 히치(Round turn and two half hitches _감은 두매듭) (그림69)

④ 피셔멘즈 벤드(Fisherman's bend _닻줄매듭) (그림70)
닻이나 들통 손잡이에 이용한다.

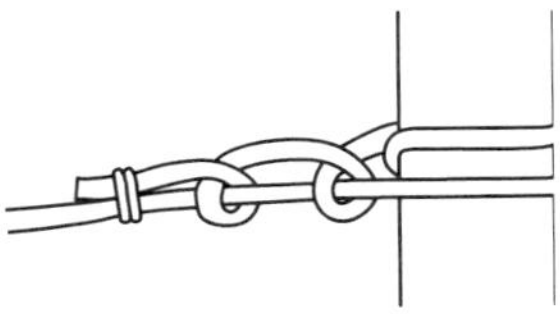
[그림69]

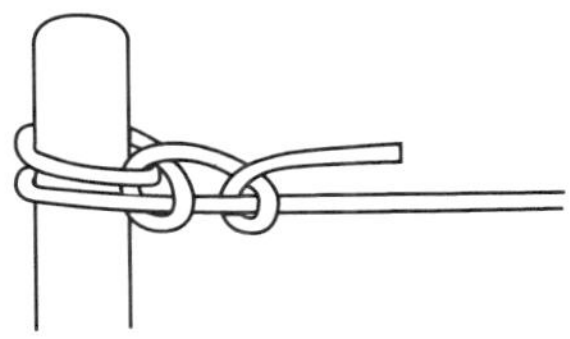
[그림70]

⑤ 팀버 히치(Timber hitch _나사 매듭) (그림71)
원재나 굵은 로프를 묶어서 잡아당길 때 사용한다.

⑥ 로그 히치(Log hitch) (그림72)
목재를 끌어 올리거나 잡아당길 때 이용한다.

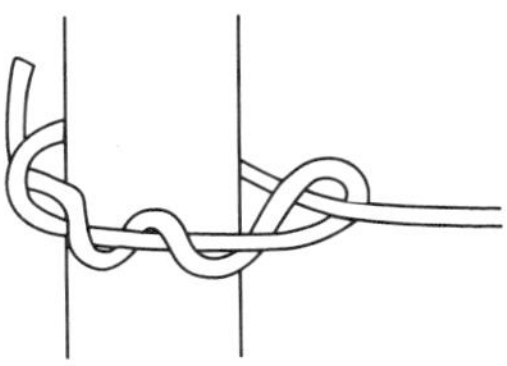
[그림71]

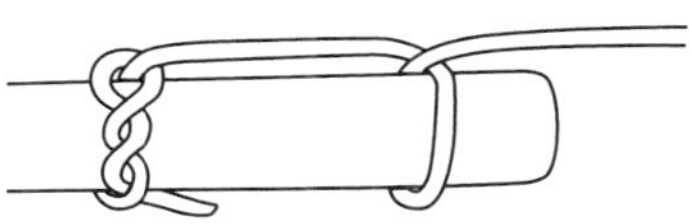
[그림72]

⑦ 클로브 히치(Clove Hitch _소말뚝 매듭) (그림73)

⑧ 로밴드 히치(Roband hitch) (그림74)

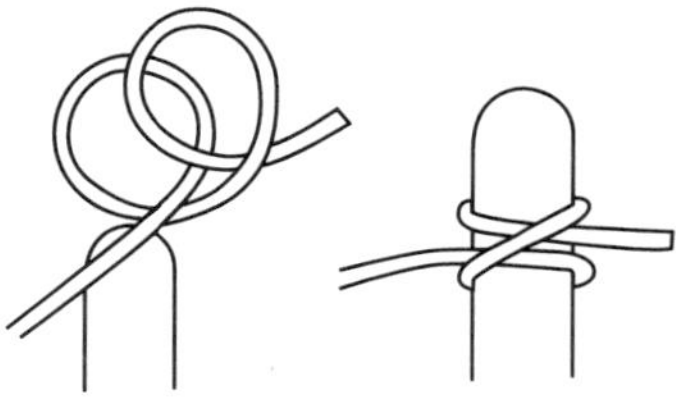

[그림73]

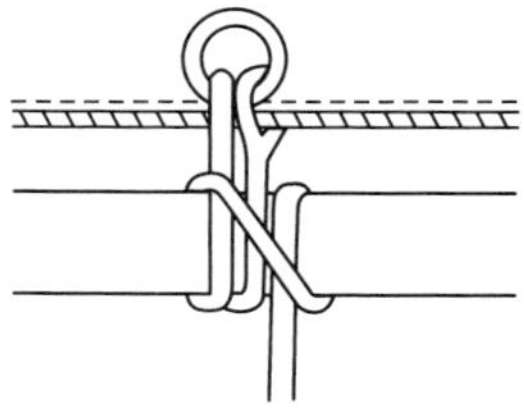

[그림74]

⑨ 롤링 히치, 스토퍼 히치(Rolling hitch 또는 Stopper hitch _겹감기 매듭) (그림75)

물체의 표면이 미끄러워 로프가 잘 빠져버릴 때 쓴다.

⑩ 마린 히치 (Marline hitch) (그림76)

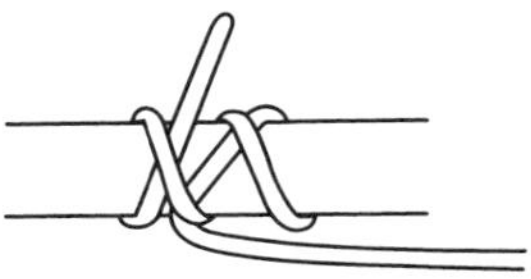

[그림75]

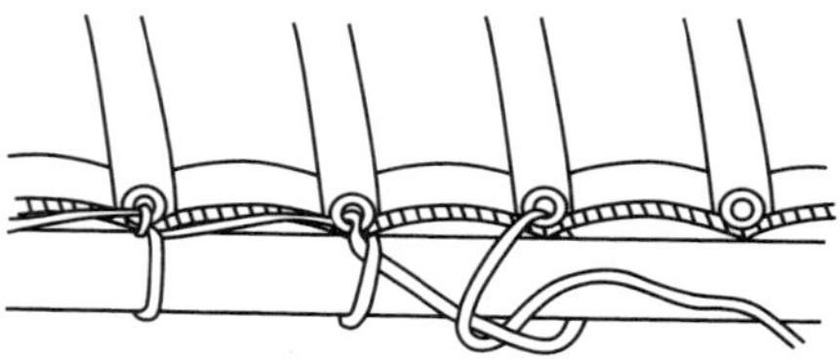

[그림76]

⑪ 호소쿠토리(Hosokutori) (그림77)

소형선의 예색용.

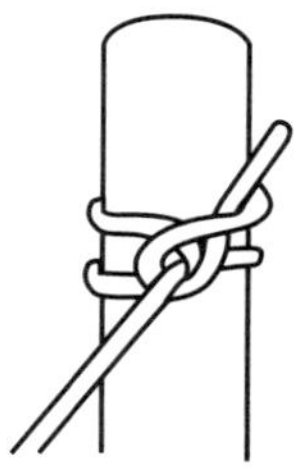

[그림77]

⑫ 울타리 엮음(그림78) 짐꾸리기용

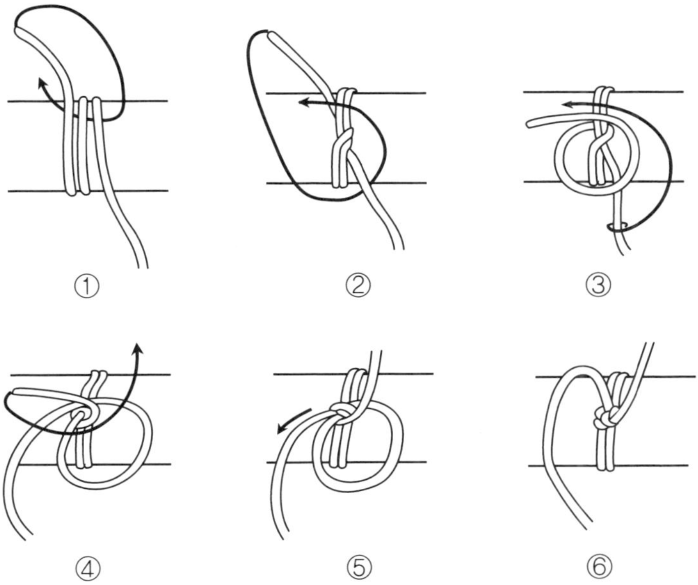

[그림78]

(7) 걸고리 매듭

① 블랙월 히치(Blackwall hitch _홀코걸이 매듭) (그림79)

② 더블 블랙월 히치(Double blackwall hitch _겹코걸이 매듭) (그림80)

로프가 물에 젖었거나 기름 때문에 미끄러운 때에 유용하다.

[그림79]

[그림80]

③ 미드시프먼즈 히치(Midshipman's hitch) (그림81)

④ 캣츠포(Cat's paw) (그림82)

[그림81]

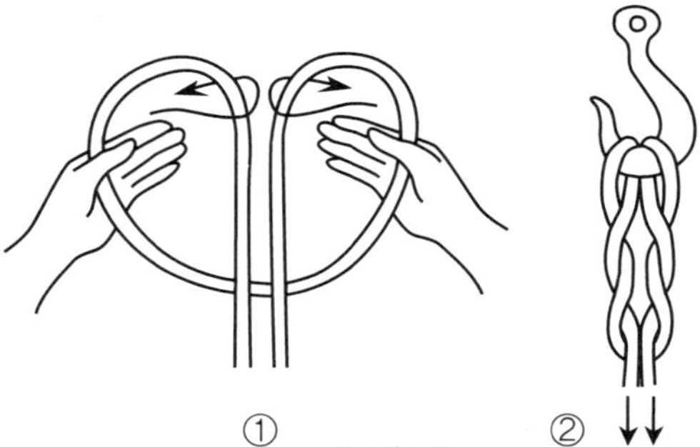

① ②

[그림82]

⑤ 마우징(Mousing) (그림83)

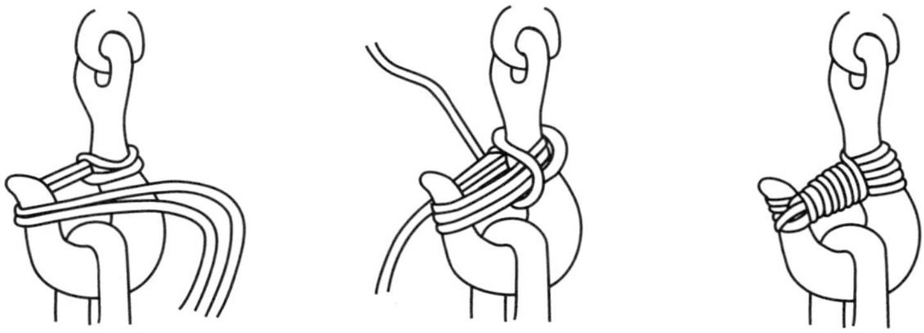

① ② ③

[그림83]

(8) 색단이 풀리는 것을 스트랜드로 방지하는 법

① 크라운 노트(Crown knot _봉우리 매듭) (그림84)

단독으로 보다는 다른 결삭법과 병용되는 일이 많다.

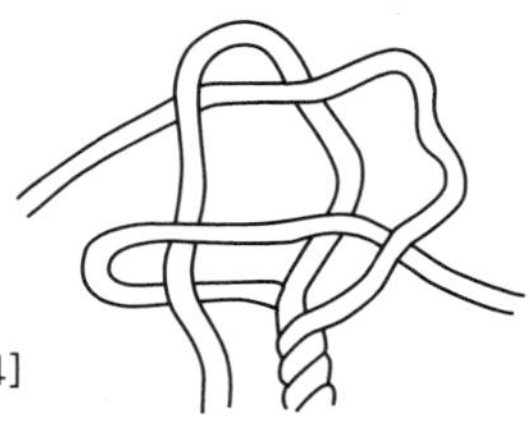

[그림84]

② 월 노트(Wall knot _마무리 매듭) (그림85)
크라운 노트(Crown knot)와 같이 다른 매듭과 병용하기 위한 기본적인 것이다.

③ 더블 월 노트(Double wallknot _겹마무리 매듭) (그림86)
스토퍼 노트(Stopper knot)로서 대표적이다.

④ 월 앤드 크라운 노트(Wall and crown knot) (그림87)
월 노트(Wall knot) 위에 크라운 노트(Crown knot)를 맺은 것이다.

⑤ 맨로프 노트 또는 더블 월 엔드 크라운 노트(Manrope knot 또는 Double-wall-and-crown knot) (그림88)
월 앤드 크라운 노트(Wall and crown knot)를 만들고 그 각각의 스트랜드를 따라 다시(월 노트, Wall knot) 그리고 다시 같은 방법으로 크라운 노트(Crown knot)에 따라 완성한다.

[그림85]

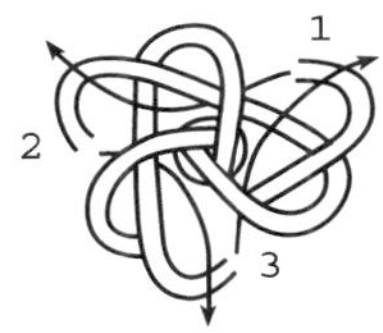

[그림86]

[그림87]

[그림88]

⑥ 매튜 워커 노트(Matthew walker knot _손잡이 매듭) (그림89)

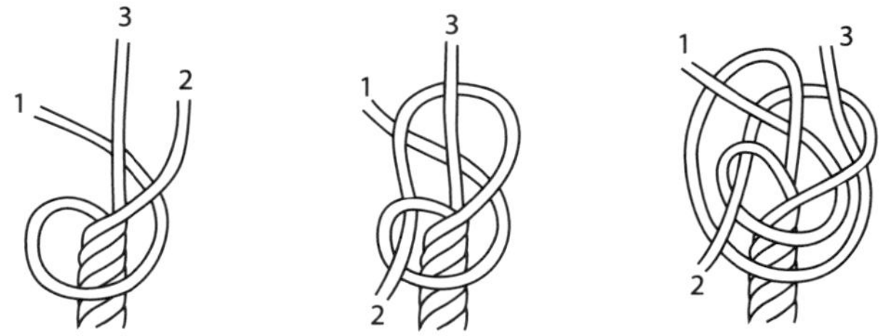

[그림89]

① ② ③

⑦ 더블 매튜 워커 노트(Double Matthew walker knot _겹손잡이 매듭) (그림90)

⑧ 다이아몬드 노트(Diamond knot) (그림91)

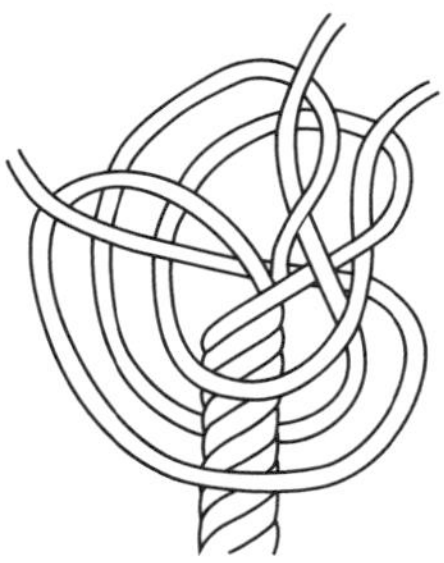

[그림90]

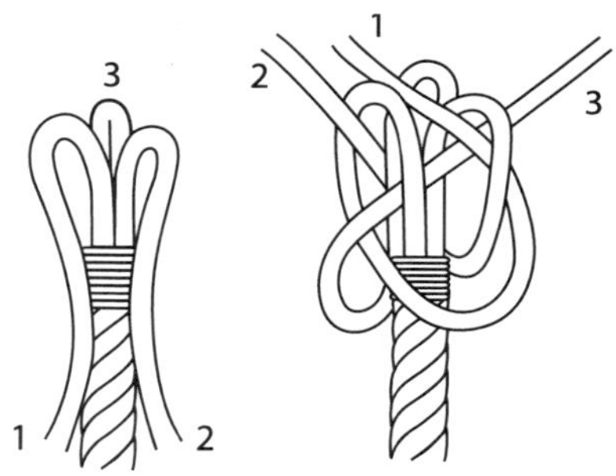

[그림91]

⑨ 더블다이아몬드 노트(Double diamond knot) (그림92)

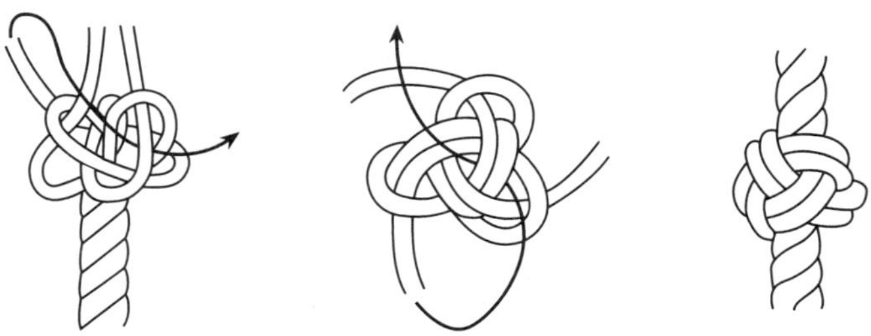

[그림92]

① ② ③

⑩ 백 스플라이스(Back splice _끝 엮음) (그림93)

크라운 노트(Crown knot)를 먼저 만들고 각 스트랜드를 주부에 3회 정도 씩 삽입하여 Splice 한다.

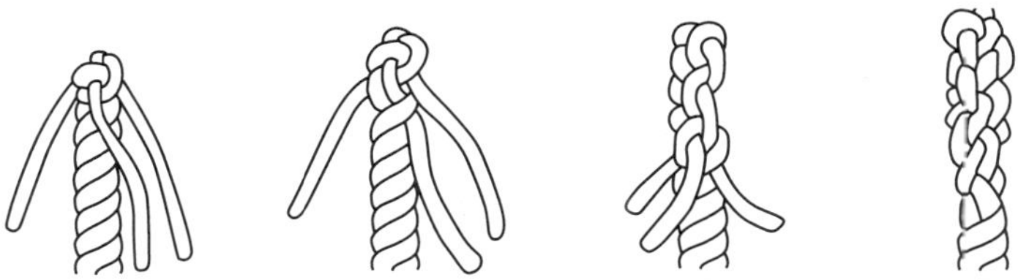

① ② ③ ④

[그림93]

(9) 끝 엮음

① 런닝 터크즈 헤드(Running turk's head _더번 모양의 장식 매듭) (끝 엮음) (그림94)

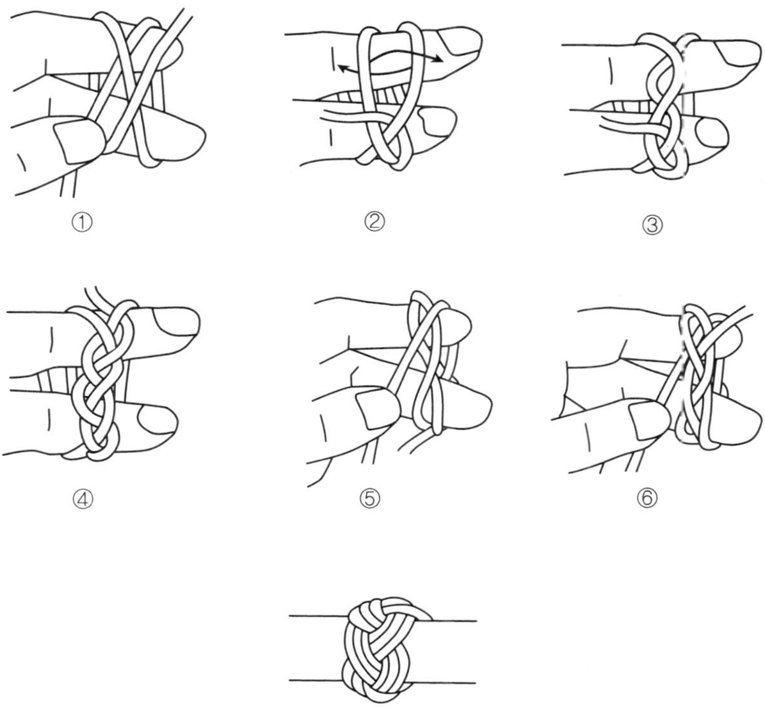

① ② ③ ④ ⑤ ⑥ ⑦

i –1, 3 – Part turk's head······ – (가)

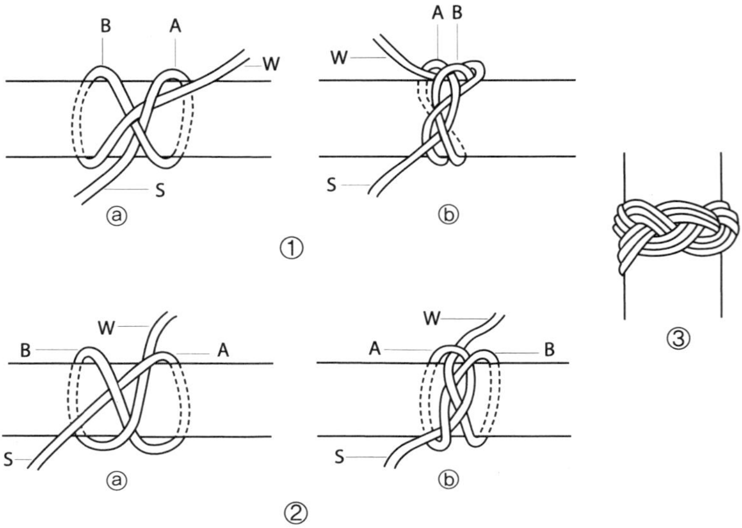

ii –2, 4 – Part turk's head······ – (나)

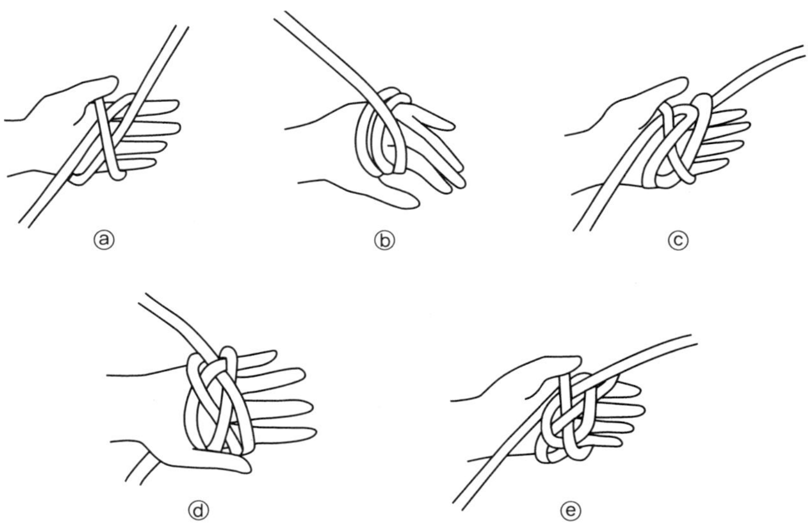

iii－3, 5 － Part turk's head…… －(다)

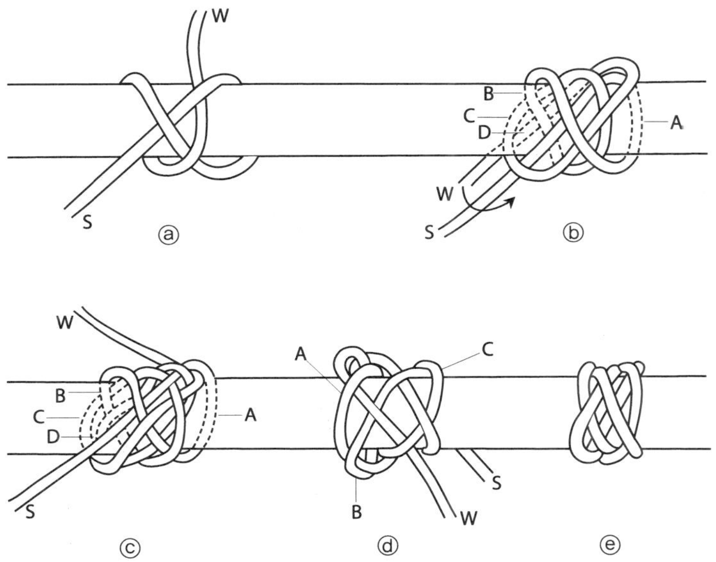

[그림94]

이상 3종 모두 원재의 장식, 완충물, 손잡이 등에 쓰인다.

② 스탠딩 터크즈 헤드 또는 풋로프 노트(Standing turks head 또는 Footrope knot) (그림95)

자콥스 래더(Jacob' s Ladder)나 구명색(Life line)의 손잡이로써 만든다.

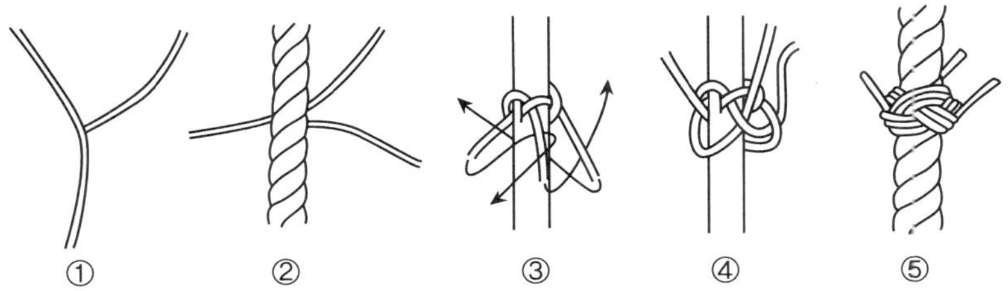

[그림95]

(10) 고리 엮음법

① 싱글 체인 노트(Single chain knot) (그림96)

② 더블 체인 노트(Double chain knot) (그림97)

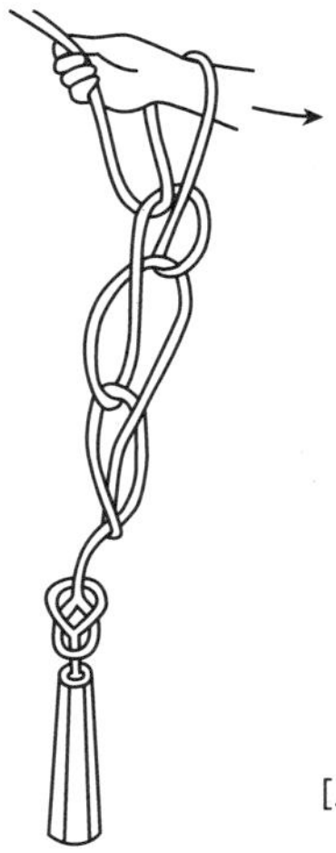

[그림96]

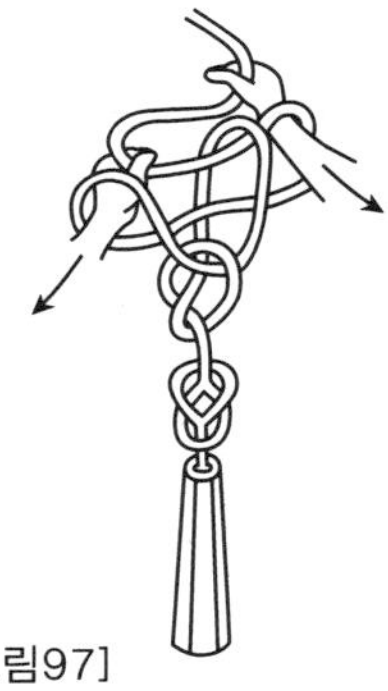

[그림97]

(11) 멍석(Mat)모양 엮음법

① 오발 매트(Oval Mat) (그림98)

[그림98] ① ② ③

② 스퀘어 매트(Square Mat) (그림99)

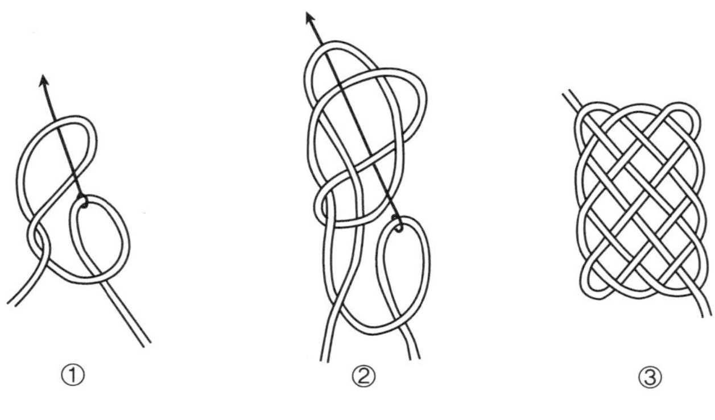

[그림99] ① ② ③

③ 캐릭 매트(Carrick mat) (그림100)

① ② ③

[그림100]

④ 펀치 매트(Paunch Mat) (그림101)

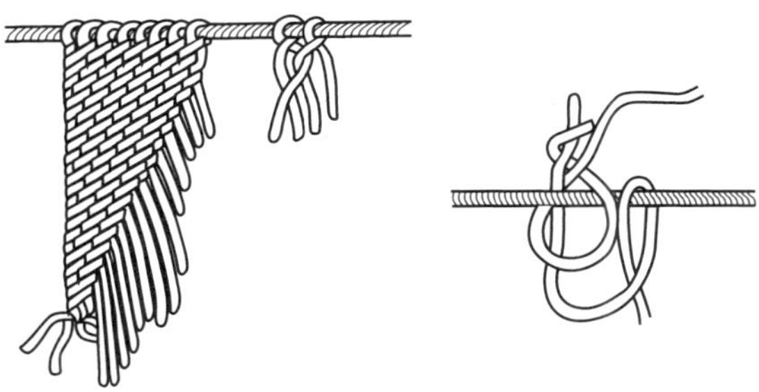

[그림10-]

(12) 그물 짜는 법

① 시트 밴드(Sheet Bend)의 응용 (그림102)

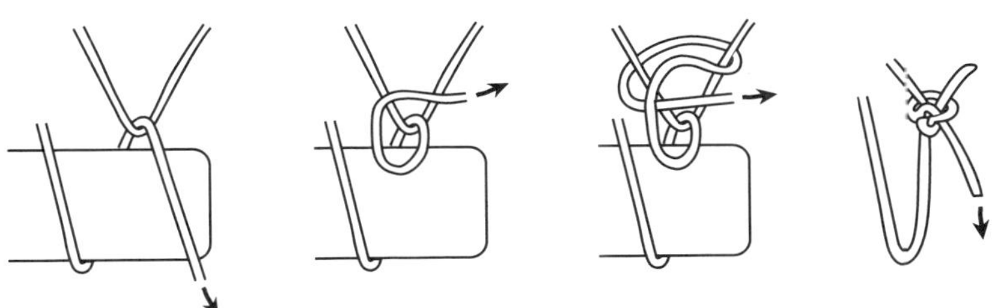

① ② ③ ④

[그림102]

(13) 시징(Seizing, 괄착 括着 _동여매는 밧줄)

① 플랫 시징(Flat seizing) (그림103)

큰 힘이 작용하지 않을 때,

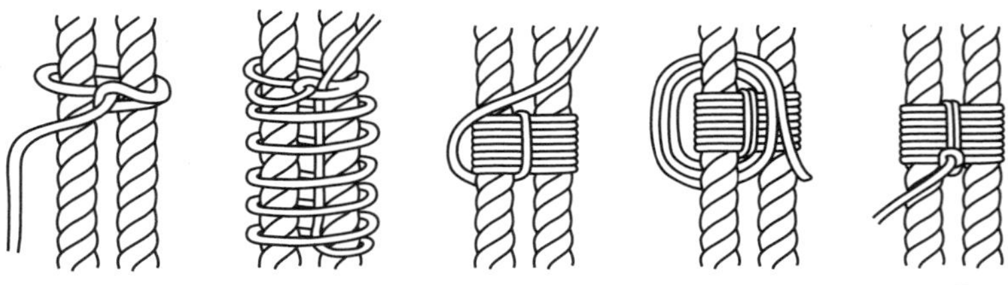

① ② ③ ④ ⑤

[그림103]

② 라운드 시징(Round seizing) (그림104)

플랫 시징(Flat seizing)을 먼저 하고 그 위를 1회만 덜 감는 일반적인 방법.

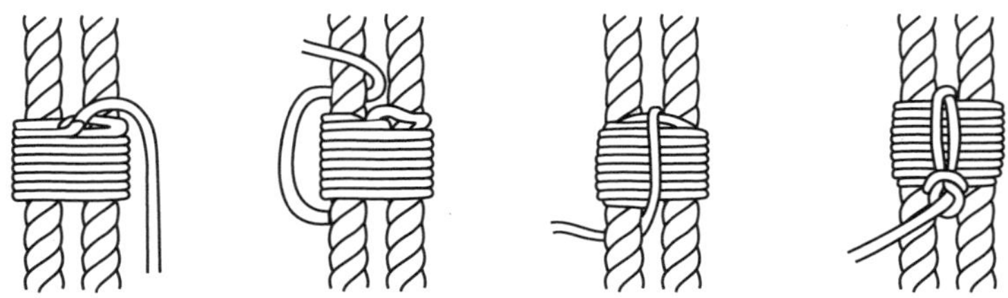

① ② ③ ④

[그림104]

③ 래킹 시징(Racking seizing) (그림105)

8자형으로 먼저 감아 한편의 로프에 가해지는 긴장을 완화시킨 후 라운드 시징(Round seizing)의 요령으로 완성.

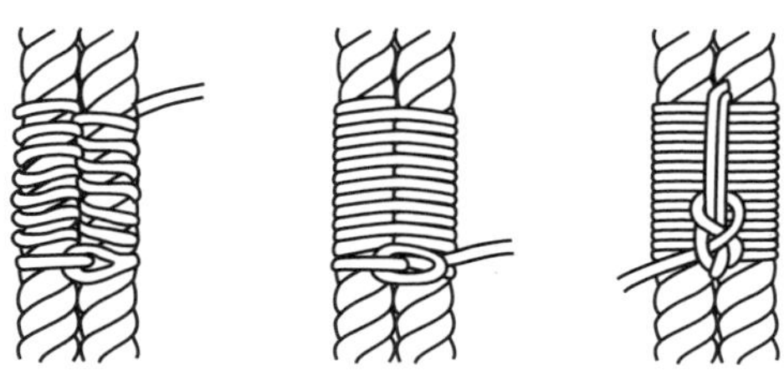

① ② ③

[그림105]

〈참 고〉

1. 말레트의 사용법 (그림106)

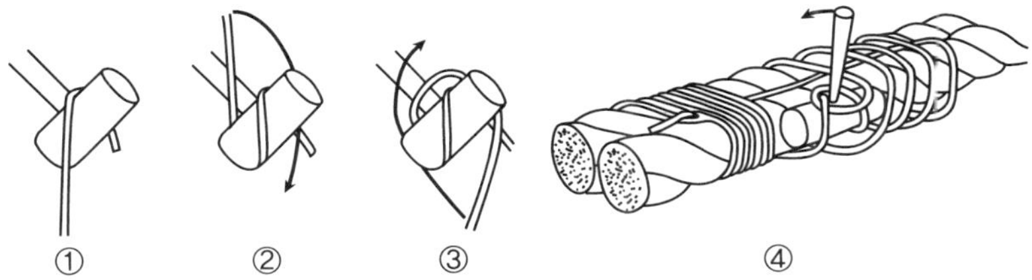

[그림106]

2. 스패니시 윈드러스(Spanish windlass)의 사용법 (그림107)

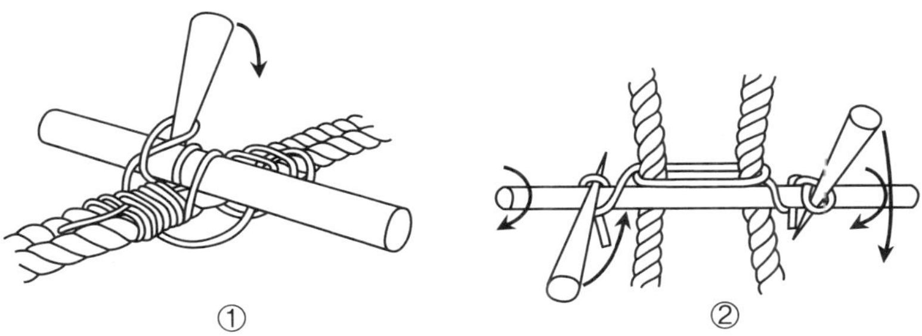

[그림107]

(14) 고박(固縛, Lashing)

① 다이어고널 래싱(Diagonal lashing) (그림108)

[그림108]

② 스퀘어 래싱(Square lashing) (그림109)

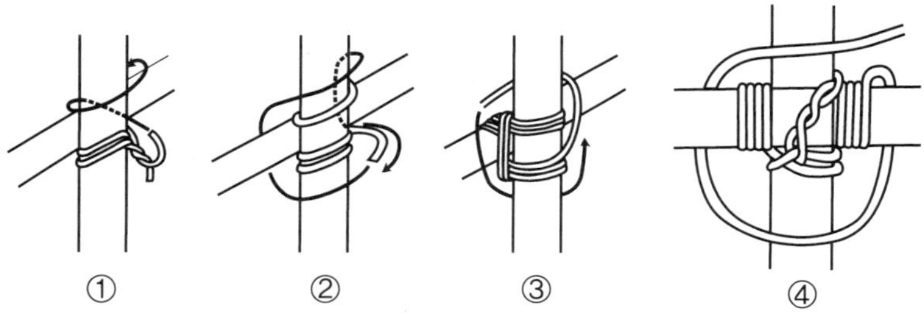

[그림109]

③ 트리포드 래싱(Tripod Lashing) (그림110)

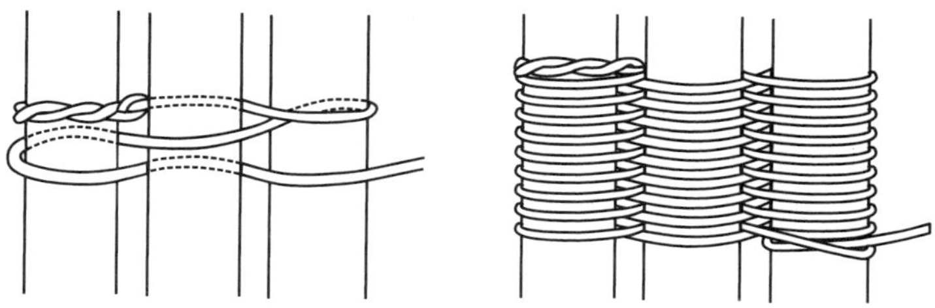

[그림110]

④ 시어 래싱(Sheer lashing) (그림111)

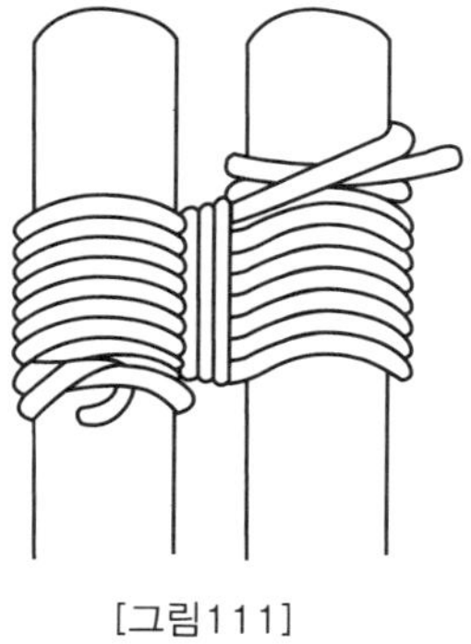

[그림111]

제4절 로프를 잇는 법 (Splice)

(1) 보통 섬유 로프

① 아이 스플라이스(Eye splice)

a. 오디너리 아이 스플라이스(Ordinary eye splice) (그림112)

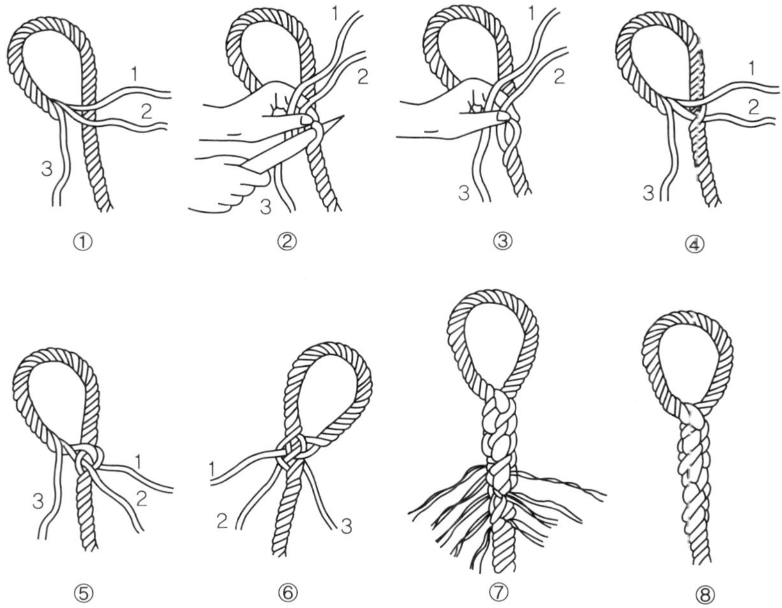

[그림112]

b. 세일 메이커즈 아이 스풀라이스(Sail Maker' s eye splice) (그림113)

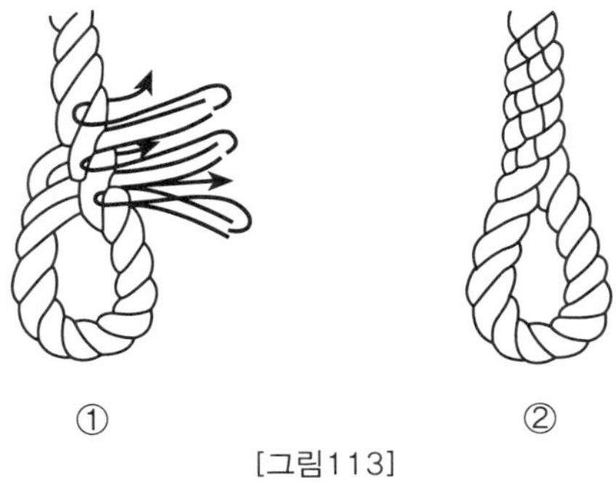

[그림113]

c. 아이 스플라이스 위드 싱글 컬러(Eye splice with single collar) (그림114)

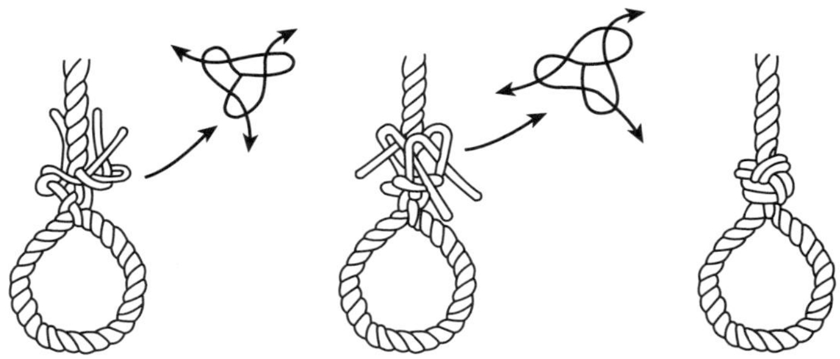

①　②　③

[그림114]

d. 아이 스플라이스 인 더 미들 오브 로프 (Eye splice in the middle of rope) (그림115)

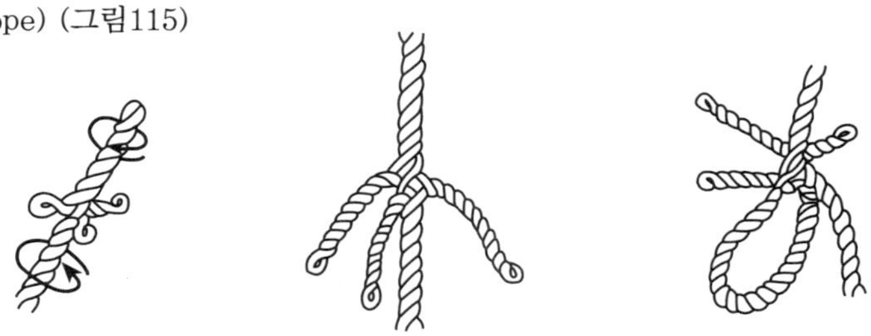

①　②　③

[그림115]

e. 체인 스플라이스(Chain splice) (그림116)

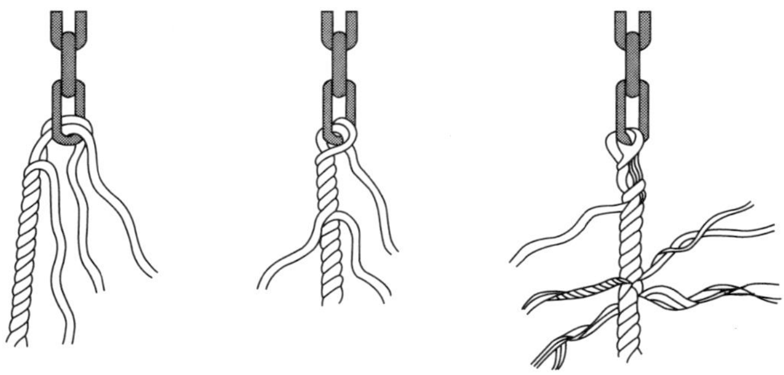

①　②　③

[그림116]

② 쇼트 스플라이스(Short splice _짧은 엮음)

a. 오디너리 쇼트 스플라이스(Ordinary Short splice) (그림117)

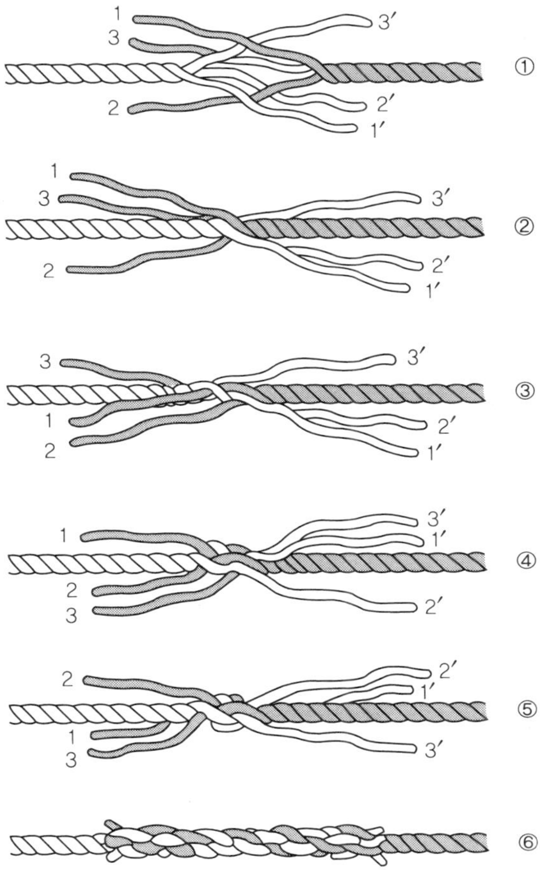

[그림117]

b. 세일 메이커즈 쇼트 스플라이스(Sail maker's short splice) (그림118)

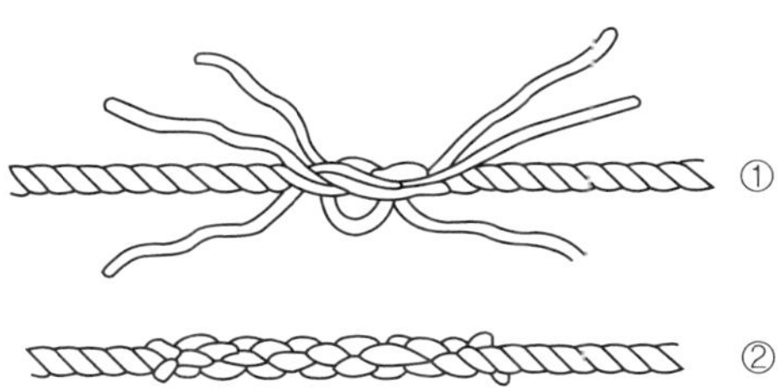

[그림118]

c. 커트 스플라이스(Cut splice) (그림119)

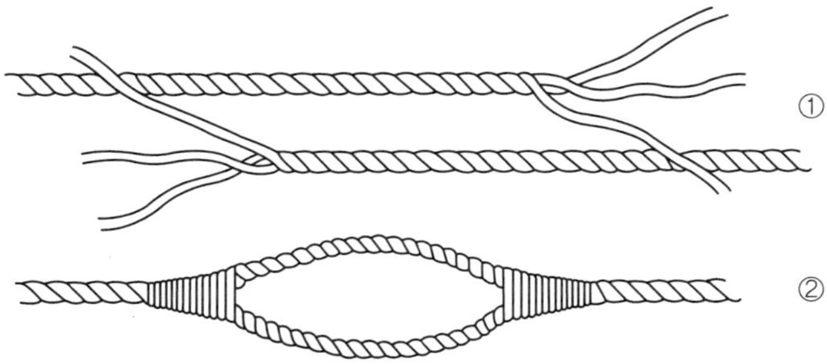

[그림119]

d. 브랜치 스플라이스(Branch splice) (그림120)

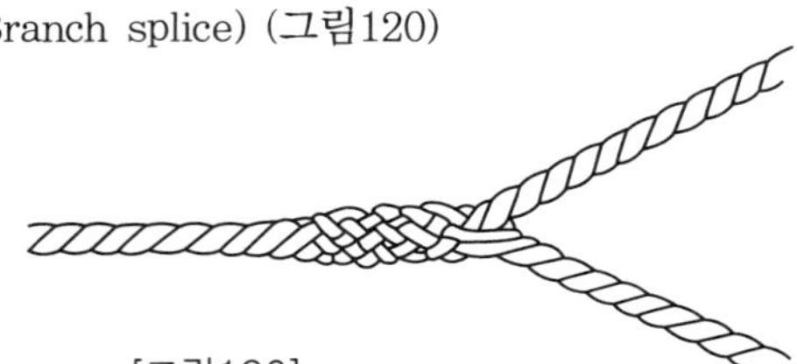

[그림120]

③ 롱 스플라이스(Long splice _긴 엮음) (그림121)

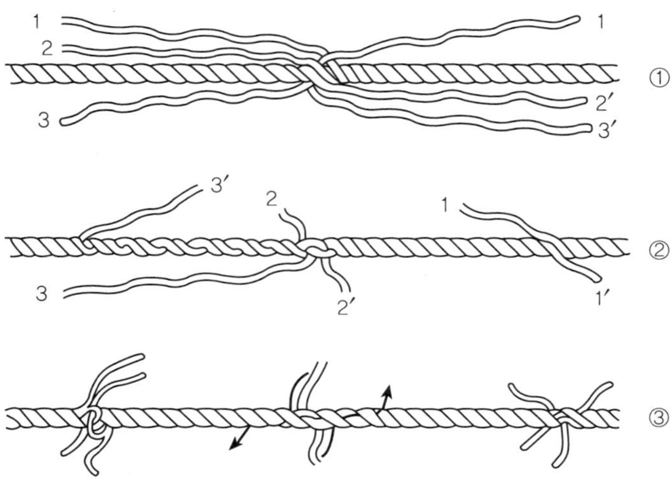

[그림121]

(2) 각편 섬유 로프(Square rope)

① 아이 스플라이스(Eye splice) (그림122)

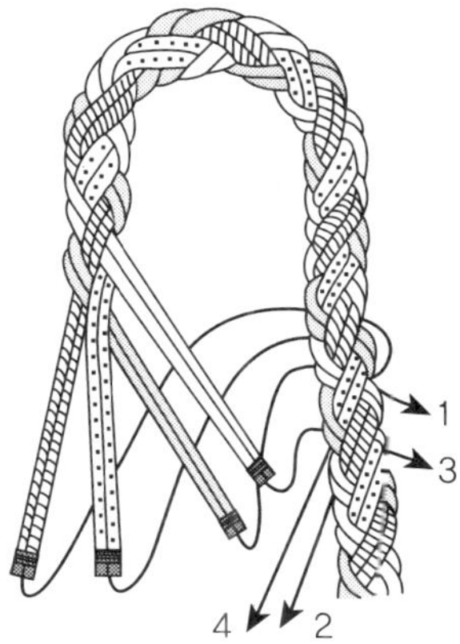

[그림122]

② 쇼트 스플라이스(Short splice) (그림123)

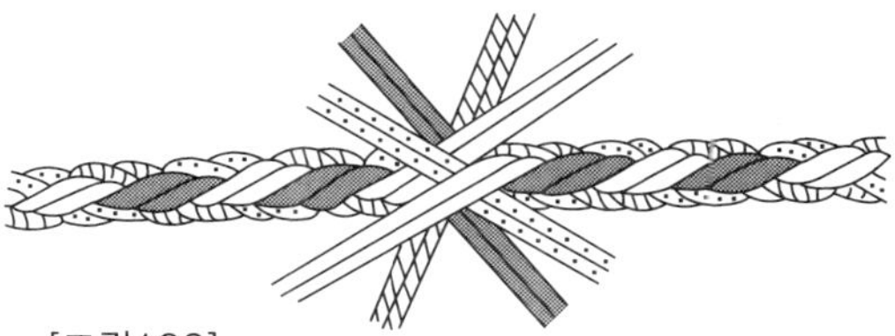

[그림123]

《참 고》

싱글 핼여드 스플라이스(Single halyard splice) (그림124)
땋은 줄(Braideed line)의 아이 스플라이스(Eye splice)인데 먼저 끝에서 3~5cm의 스트랜드를 잘라내어 트와인으로서 끝을 뾰족하게 묶고 프리커로 줄의 중심을 넓힌다. 니들(바늘)로 끝을 오므리고 조금 남겨서 자른 후 적당한 모양으로 만든다.

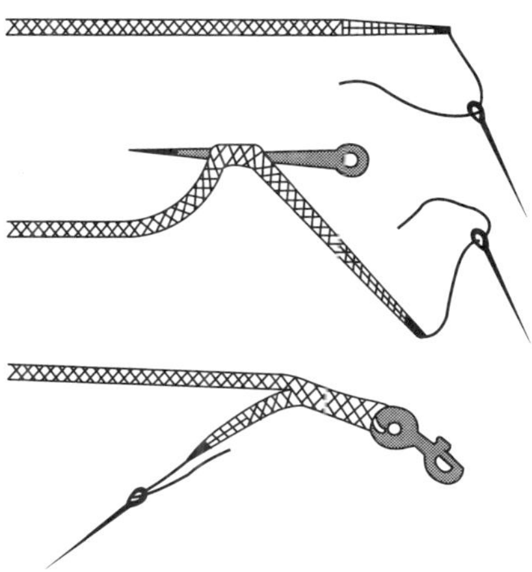

[그림124]

(3) 와이어 로프

① 아이 스플라이스(Eye splice)

a. 스파이럴 아이 스플라이스(Spiral eye splice) (그림125)

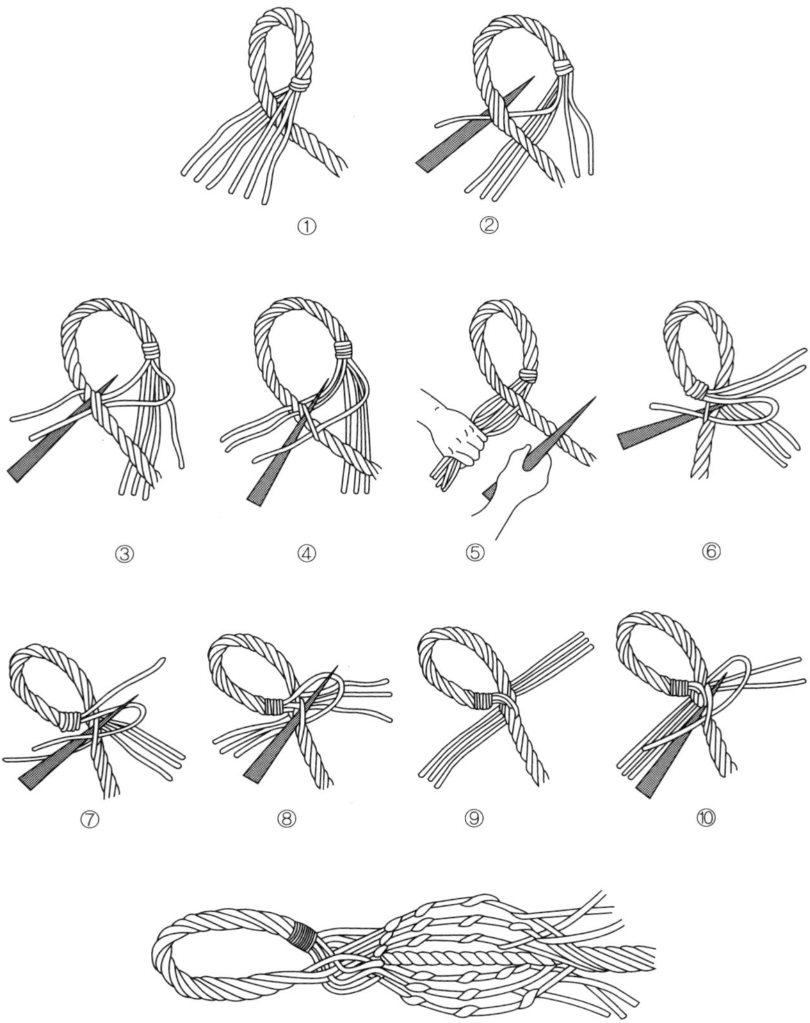

[그림125]

스트랜드를 주부에 삽입하는 방법으로 4~2, 3~3 등의 방법이 있다(그림 126).

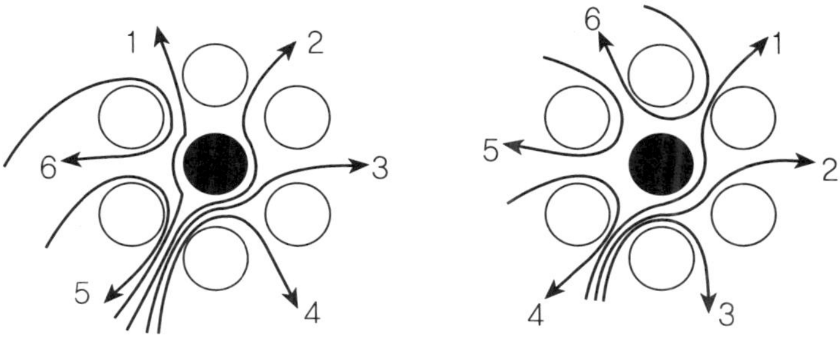

[그림126]

또 최초의 삽입시(Tuck라 한다)에 스트랜드 2개가 다른 스트랜드 1개를 끌어안듯 꽂는 방법을 로크(Lock)식이라 한다(그림127).

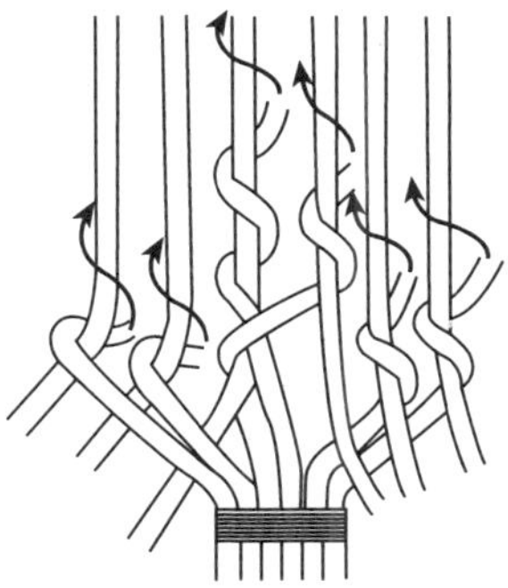

[그림127]

b. 할차식(뚫어 끼움식) 아이 스플라이스

농입식이라고도 하며, 최초의 터크는 권차식(감아 끼움식)과 같으나 1개의 스트랜드를 다른 1개의 스트랜드에 감아가는 대신 반대쪽 왼편으로 스트랜드 1개를 누르고 다음의 1개 또는 2개를 묶으면서 스트랜드를 교차 시키면서 싼다.

1개조로 사용할 때에는 로프가 꼬임이 풀리는 방향으르 돌아갈 경향이 있으며, 권차식에서는 빠져나갈 염려가 있으므로 할차식과 권차식의 두 가지를 병용하는 것이 좋다.

c. 웨스트 코스트 스플라이스 또는 로거 스플라이스(West coast splice 또는 Logger' s splice) (그림128)

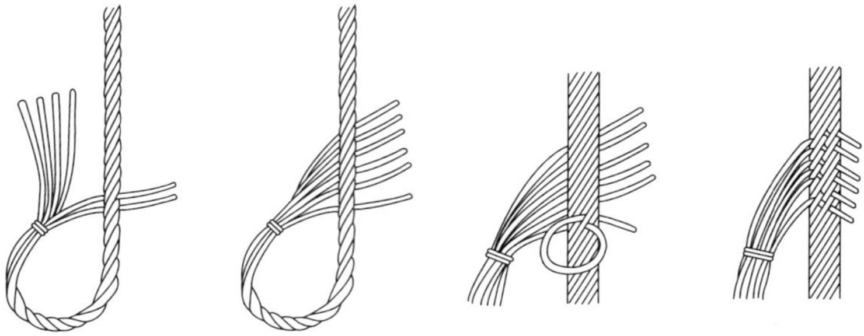

① ② ③ ④

[그림128]

시징한 부분에서 스트랜드를 나누어 주부쪽 스트랜드 2개 마다의 그 아래로 끼어 각각 좌측의 스트랜드 1개를 감아 그 스트랜드의 아래를 한번 더 끼운다. 스트랜드끝은 2~4cm 남겨 가지런히 끊는다. 강도는 다른 스플라이스와 다름없다.

d. 요트맨즈 롤 스플라이스 또는 롤드 인 아이 스플라이스(Yachtman' s roll splice 또는 Rolledin eye splice) (그림129)

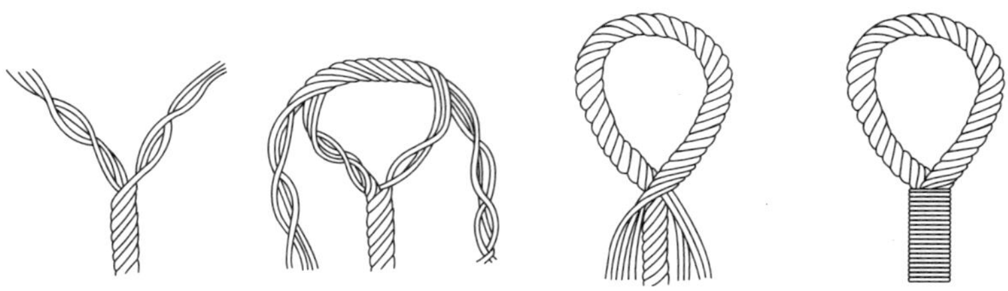

① ② ③ ④

[그림129]

로프의 끝을 아이의 길이에 색경의 30배를 가한 길이 만큼 꼬임을 풀어 스트랜드 3개씩을 좌우로 가르고 시징한 곳에서부터 아이의 길이의 반 되는 곳을 좌우의 스트랜드로 오버핸드 노트(Overhand knot)형으로 만든다. 스트랜드는 로프의 꼬임의 홈에 따라 끼워넣고, 남은 스트랜드는 부드러운 와이어로 시징한다. 신속 간단하면서 보통의 스플라이스는 강도가 원 로프의 75~80%인데 비하여 이는 100%의 강도를 갖는다.
남은 스트랜드를 주부에 모두 끼워넣어도 되나 오히려 강도가 저하된다. 또 시징 대신 동관(銅管)으로 조이는 수가 있다(그림130).

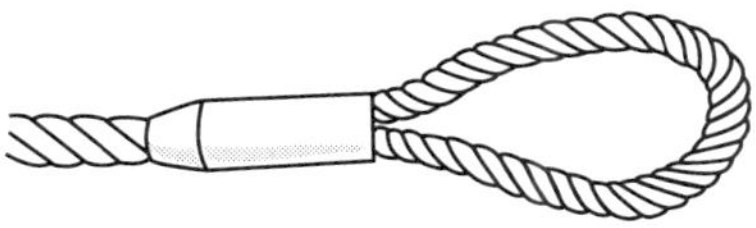

[그림130]

e. 리듀스드 아이 스플라이스(Reduced eye splice) (그림131)

색단을 아이의 길이에 색경의 길이 42배를 가한 길이만큼 꼬임을 풀고 1개씩 건너 뛴 스트랜드 3개로 아이를 만들고, 다른 3개의 스트랜드와 짝지어 그 스트랜드를 풀면서 아이쪽의 스트랜드를 그 풀린 흔적을 따라 꼬아가며 각각 아이 끝부터 색경의 36배, 24배, 길이 되는곳을 롱 스플라이스와 같은 요령으로 끝맺는다.

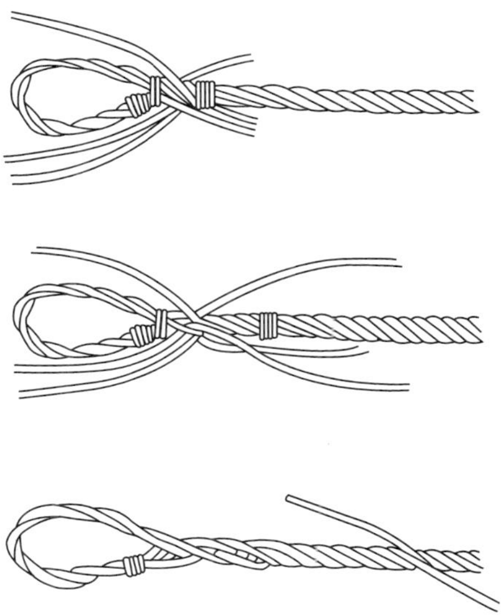

[그림131]

f. 에이비에이 션 아이 스플라이스(Aviation eye splice) (그림132)

비행기 보조익색의 응급수리용으로 고안된 방법이다. 색단을 아이의 길이의 1.5배만큼을 열에 달구어 연화(軟化)시킨 15~20cm 동관(銅管)에 끼우고 동관의 끝에까지의 와이어를 모두 풀어넘겨 아이를 만든다. 동관을 해머로 납작하게 두들기고 펜치로 중간을 180° 굽혀 다시 납작하게 두들긴다.

짧은 시간에 간단히 만들어지나 이것은 응급방법에 지나지 않으므로 수개월 이내에 강철과 구리 사이에 전해작용(電解作用)이 일어나 부식된다는 사실을 잊어서는 안된다.

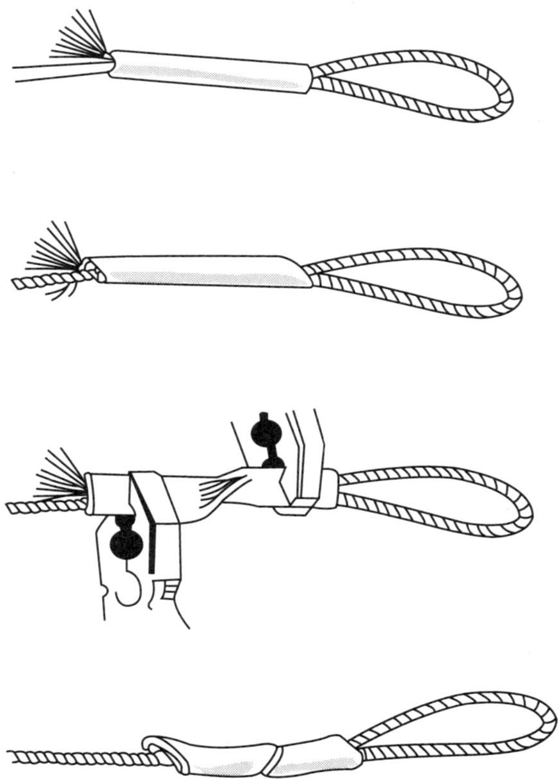

[그림132]

② 쇼트 스플라이스(Short splice) (그림133)

그림의 a 와 b 의 두 가지 방법이 있다.

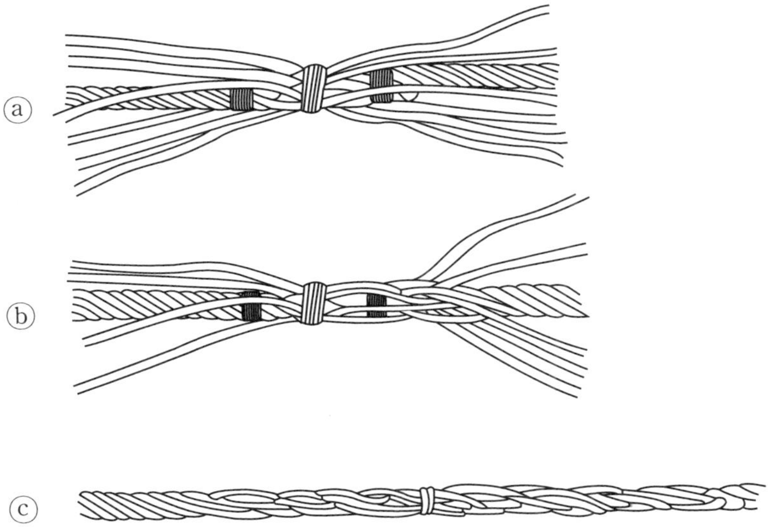

[그림133]

③ 롱 스플라이스(Long splice) (그림134)

각 스트랜드를 서로 1개씩 사이 두고 끼어 좌에 3개, 우데 3개로 갈라 그림과 같이 꼰다.

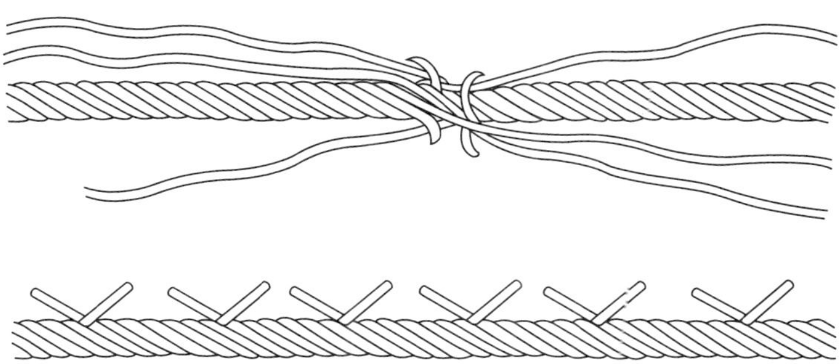

[그림134]

그리고 각 스트랜드의 끝은 스파이크를 써서 로프 속에 집어넣는다(그림 135).

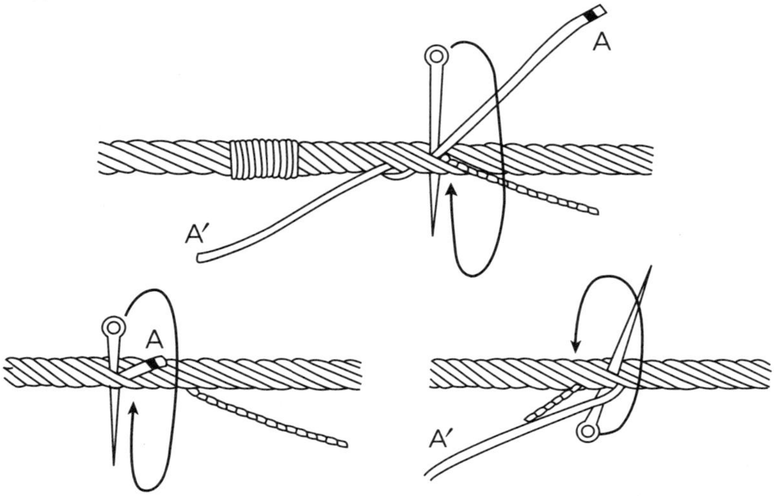

[그림135]

〈참 고〉

1. 와이어 로프 접착(接着, Splice)시의 터크(Tuck)
   영국의 Docks regulations의 규정은 최소감(最少減) 3회 및 소선반감(素線半減)한 후 2회 더 추가해야 한다. 단, 웨스트 코스트 스플라이스는 예외이다.
2. 와이어 로프와 섬유로프와의 접착법(요트맨즈 테일 스플라이스, Yacht-Mans tail splice) (그림136)

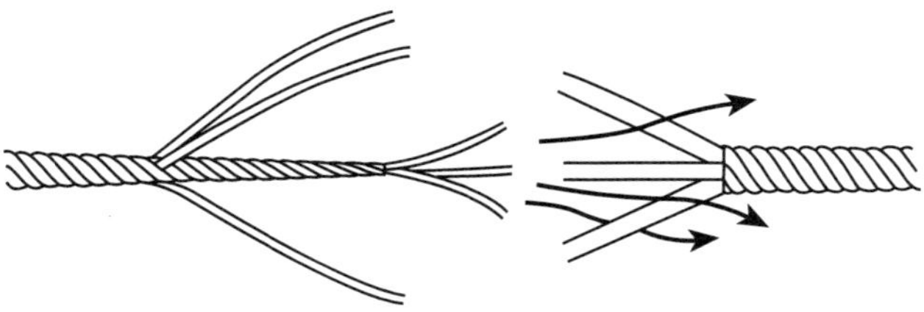

ⓐ

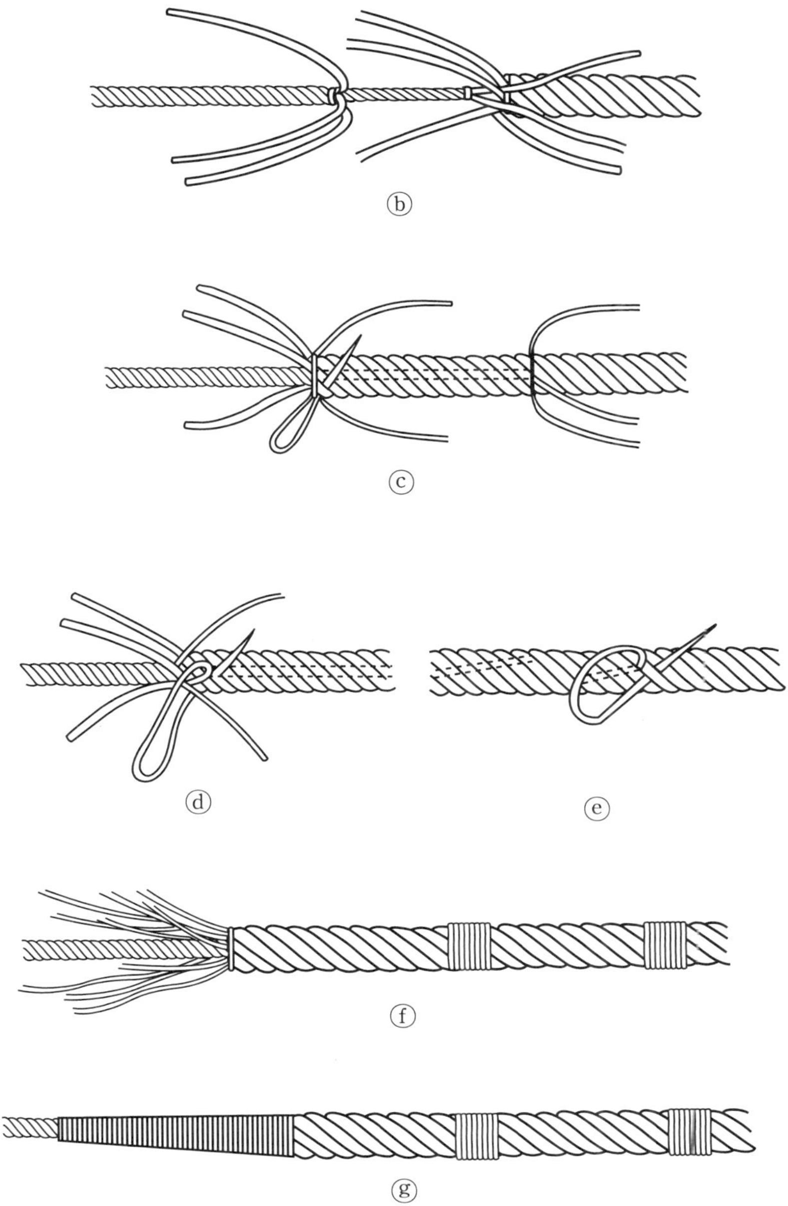

[그림136]

3. 하트 팀블(Heart thimble)의 사용법 (그림137)

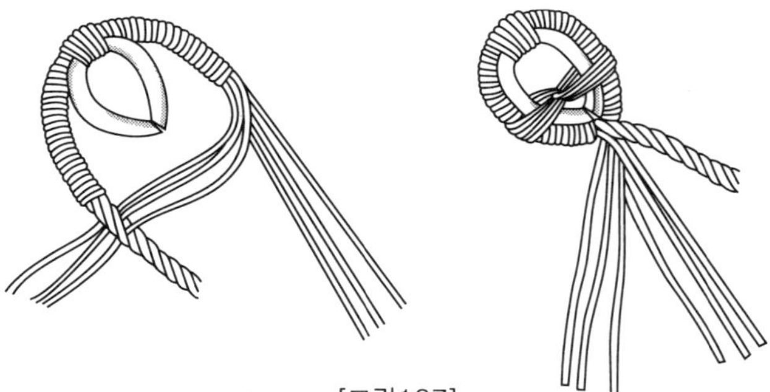

[그림137]

4. 와이어 로프 클리프(Wire rope clip)의 사용법 (그림138)

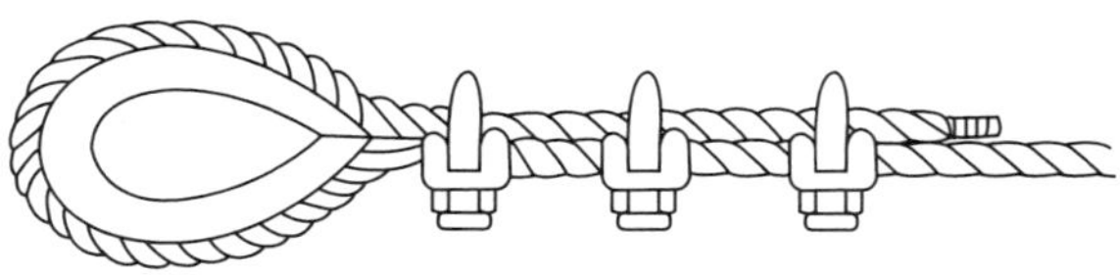

[그림138]

제5절 로프 작업

(1) 계류삭(係留索)

① 체이핑 기어(Chafing gear) (그림139)

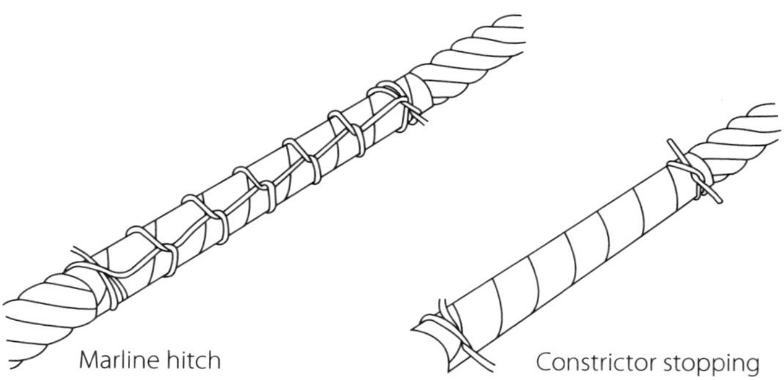

[그림139]

낡은 범포나 로프를 푼 것을 마찰하는 곳에 감아 마린히치(Marline hitch)나 콘스트리크터노트(Constrictor knot)로 묶는다(그림140).

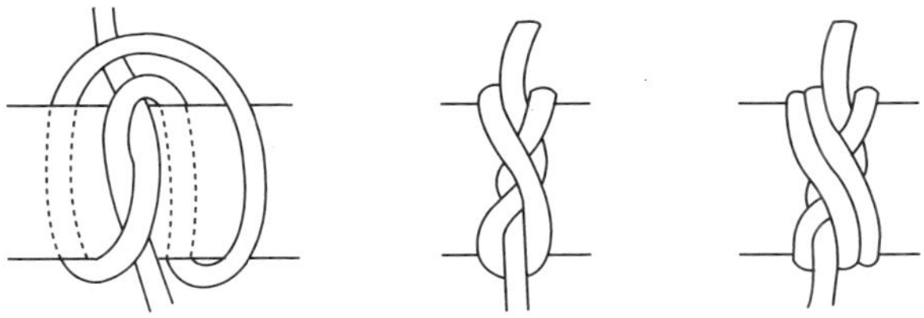

[그림140]

② 스토퍼(Stopper)

a. 코데지 스토퍼(Cordage stopper) (그림141) - 섬유 로프용

[그림141]

b. 체인 스토퍼(Chain stopper) (그림142) - 와이어 로프용

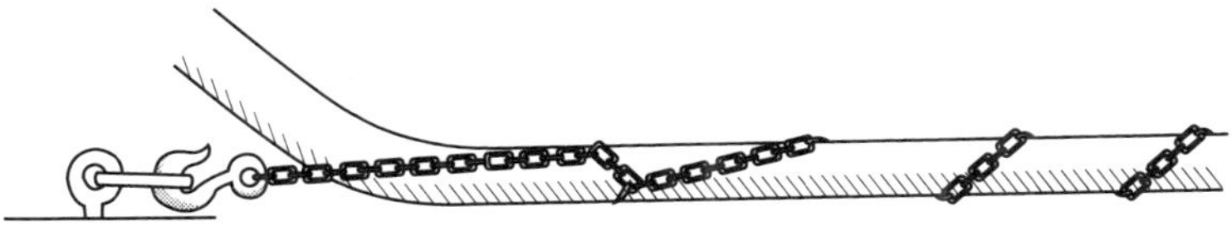

[그림142]

c. 링 스토퍼(Ring stopper) (그림143) - 와이어 로프용

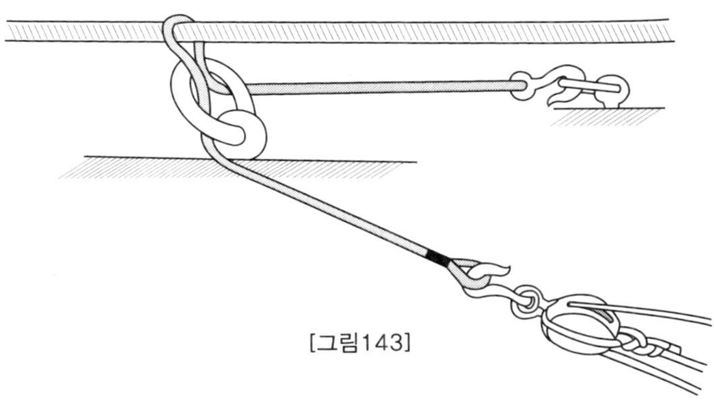

[그림143]

③ 볼라드(Bollard)

a. 싱글 볼라드(Single Bollard) – 바기즈 히치(Bargee's hitch) (그림144)

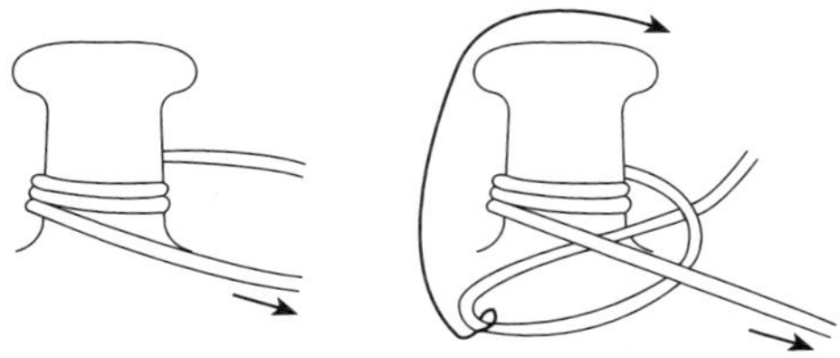

[그림144]

b. 트윈 볼라드(Twin bollard) – 계류삭 (그림145)

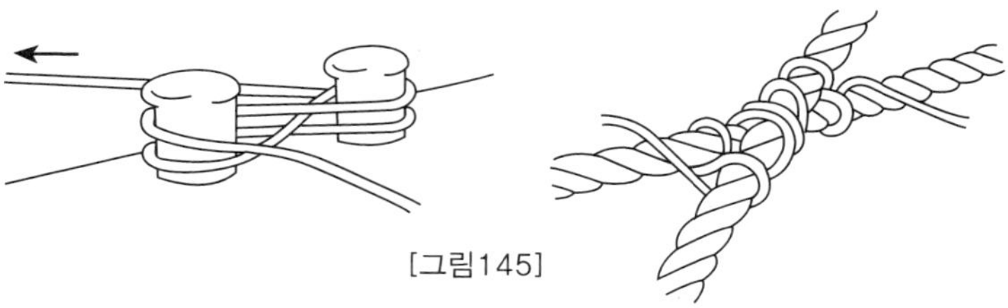

[그림145]

예색(曳索) (그림146)

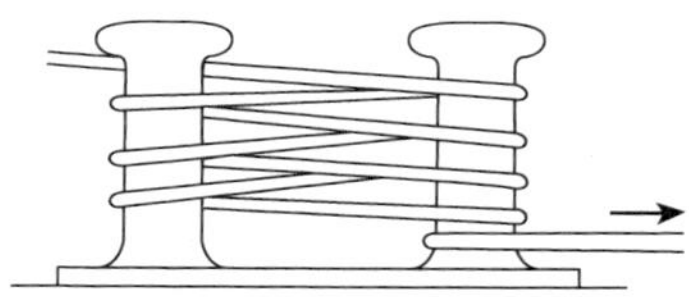

[그림146]

c. 볼라드에 계류삭을 걸 때는 나중 것이 아래로부터 들어가 걸어야 한다(그림 147).

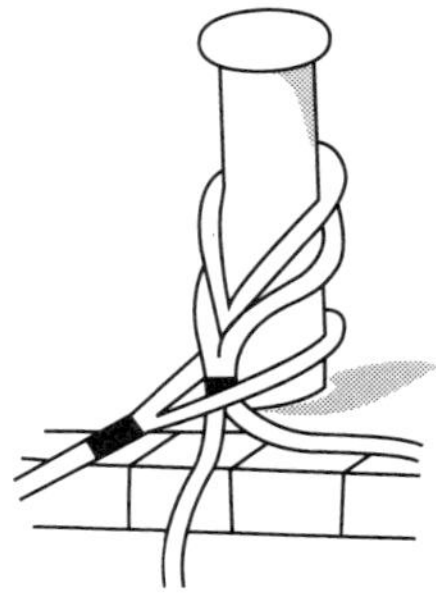

[그림147]

(2) 동색(動索)

① 크로스 비트 또는 스태그혼(Cross bitt 또는 Staghorn) (그림148)

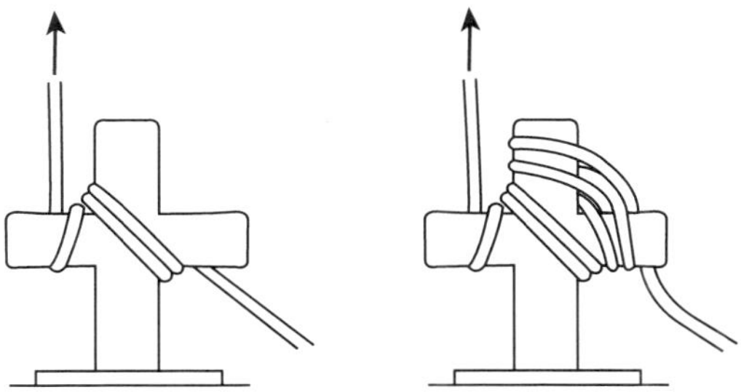

[그림148]

② 클리트(Cleat) (그림149)

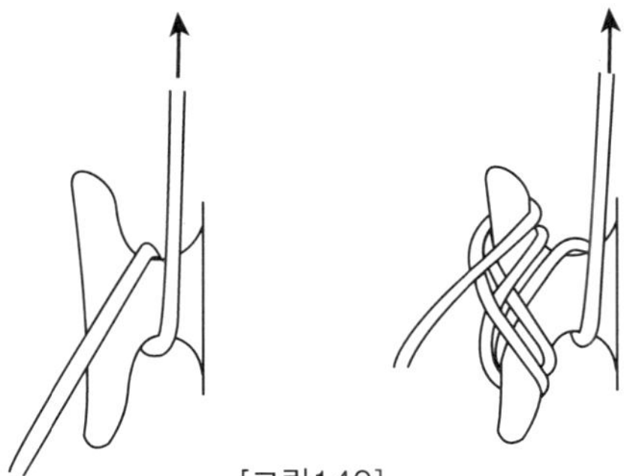

[그림149]

(3) 투색(投索)

① 몽키즈 피스트(Monkeys fist _던짐줄끝 엮음) (그림150)

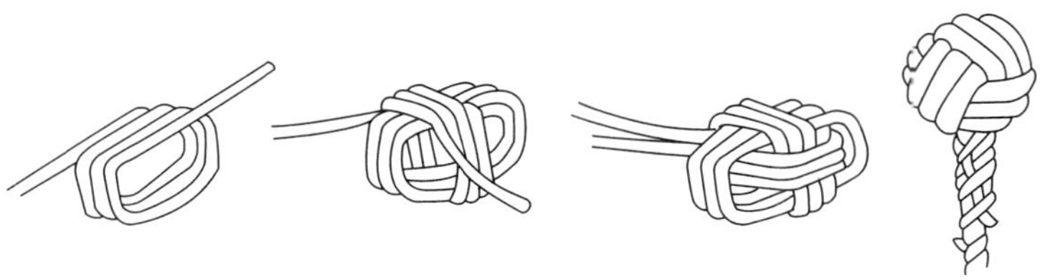

① ② ③ ④

[그림150]

② 히빙라인 노트(Heaving line knot, 던짐줄 매듭) (그림151)

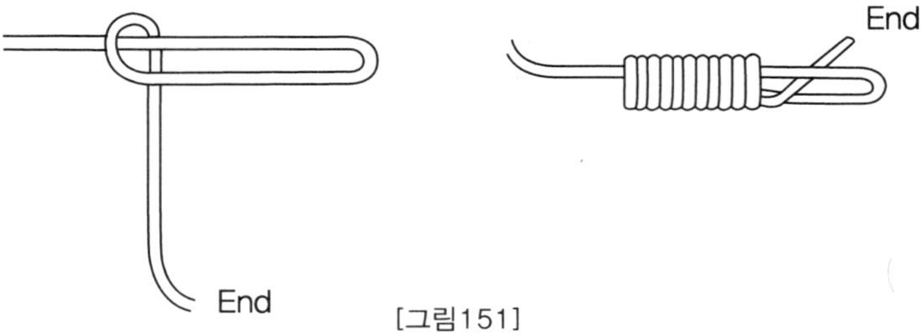

[그림151]

(4) 윤색(輪索)

① 그로메트(Grommet) (그림152)

섬유 로프와 와이어 로프의 방법은 비슷하다.

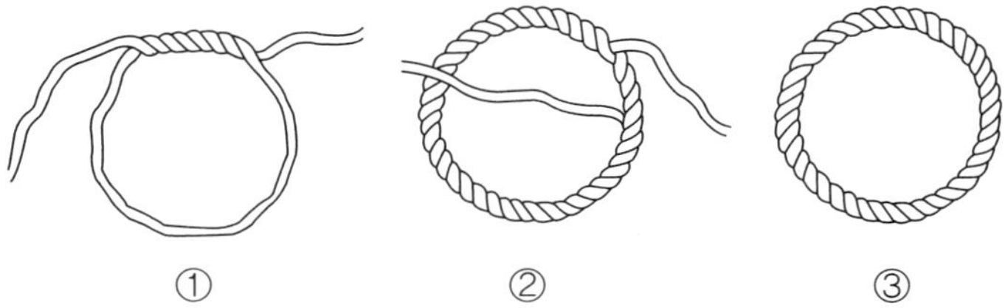

[그림152]

② 셀베지 스트로프(Selvagee strop) (그림153)

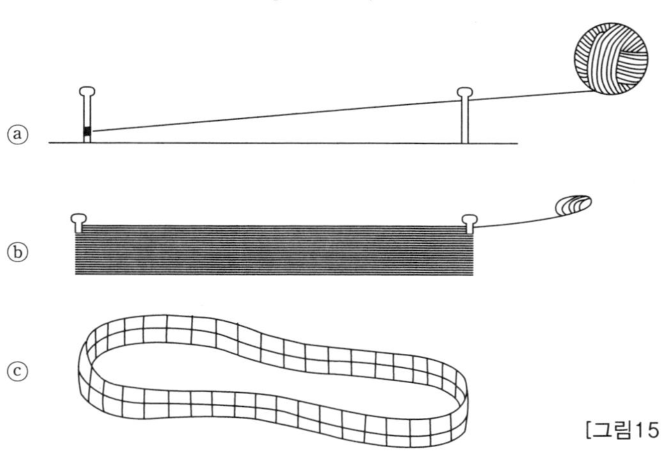

[그림153]

③ 스트로프(Strop)를 거는 법

a. 원재 (그림154)

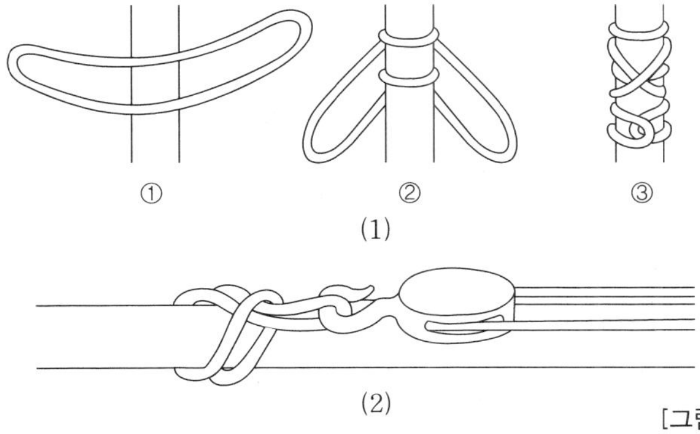

[그림154]

b. 로프 (그림155)

[그림155]

④ 슬링(Sling)을 거는 법 (그림156)

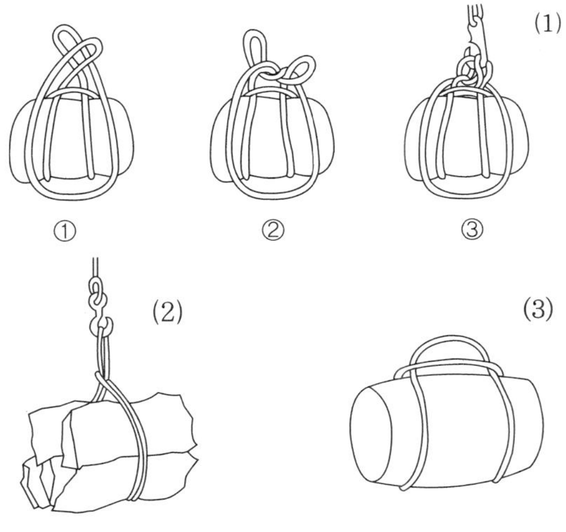

[그림156]

(5) 스테이지 로프(Stage rope) (그림157)

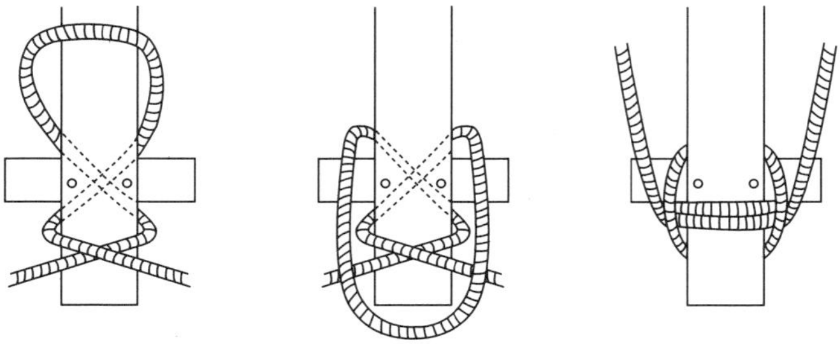

① ② ③

[그림157]

핸드 레일(Hand rail) 등에 스테이지 로프(Stage rope)를 묶는 법 (그림 157의 2)

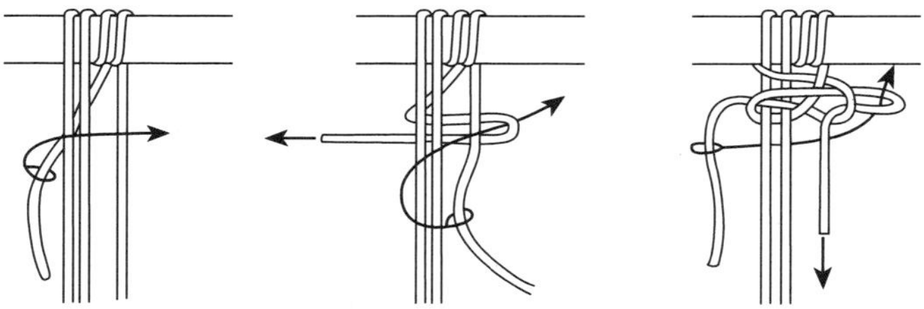

① ② ③

[그림157의 2]

(6) 보우슨즈 체어(Boatswain 's chair)

① 로우어링 히치(Lowering hitch) (그림158)

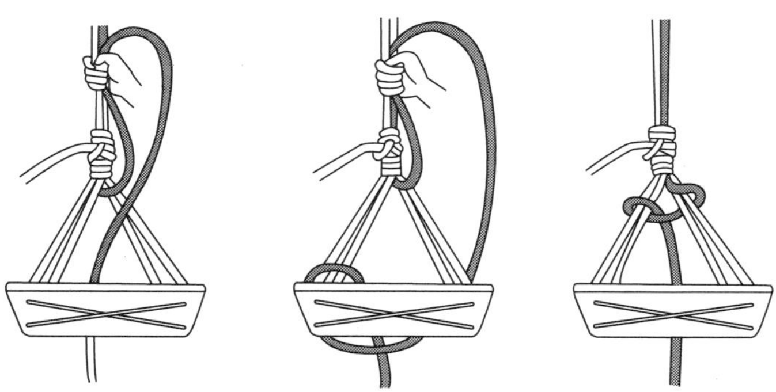

① ② ③

[그림158]

② 클라이밍 히치(Climbing hitch) (그림159)

③ 보우슨즈 히치 (Boatswain's hitch) (그림160)

로우어링 히치(Lowering hitch)와 같은 방법이나 올렸다 내렸다 할 수 있다.

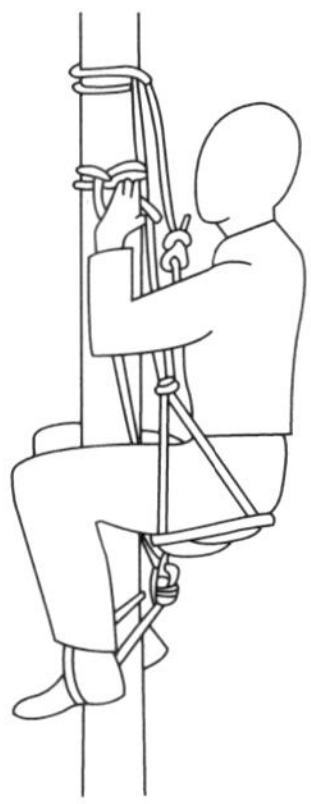

[그림159]

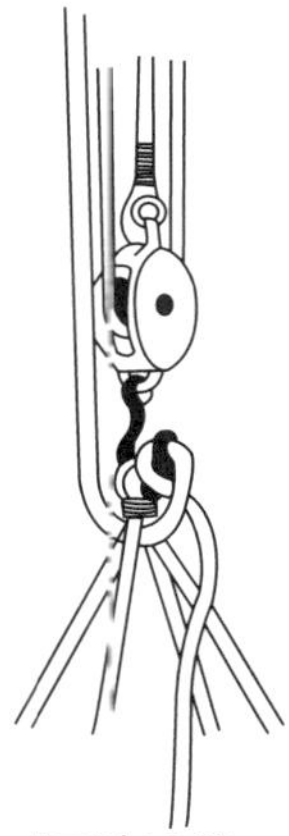

[그림160]

(7) 파바클링(Parbuckling) (그림161)

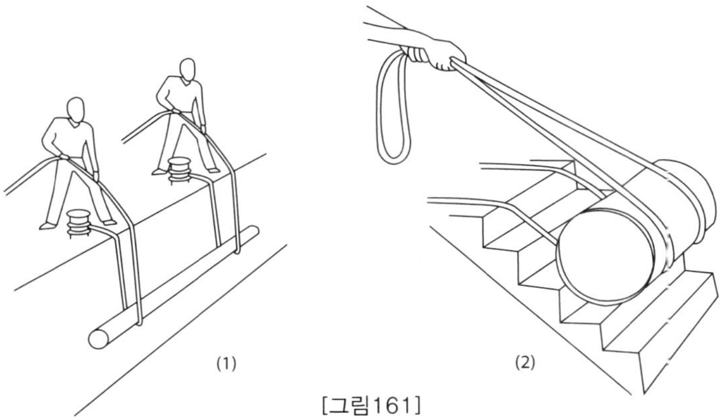

(1) (2)

[그림161]

(8) 방형물(Fender)의 카버

① 니들 히칭(Needle hitching) (그림162)

[그림162]

② 펜더 히칭(Fender hitching) (그림163)

③ 언더핸드 그라프팅(Underhand grafting) (그림164)

④ 오버핸드 그라프팅(Overhand Grafting) (그림165)

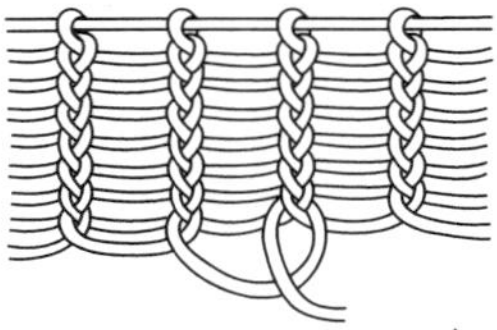

[그림163]

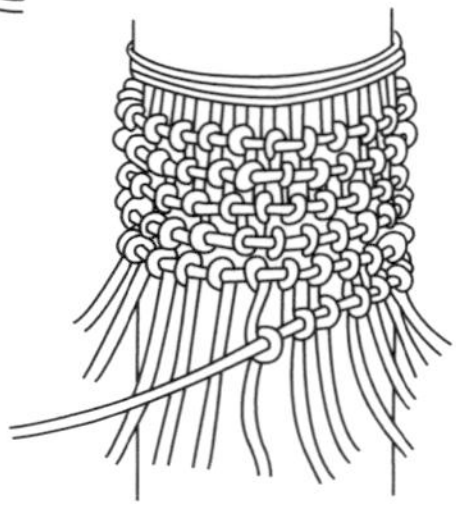

[그림164]

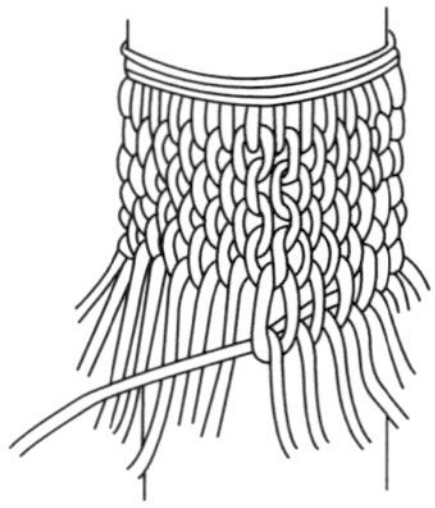

[그림165]

(9) 원재의 카버

① 링볼트 히칭(Ringbolt hitching) (그림166)

a. 브레이드 코크즈 코밍(Braid cock's combing)

b. 런닝 코크즈 코밍(Running cock' s combing)

② 프렌치 히칭(French hitching) (그림167)

③ 코치 휘핑(Coach whipping) (그림168)

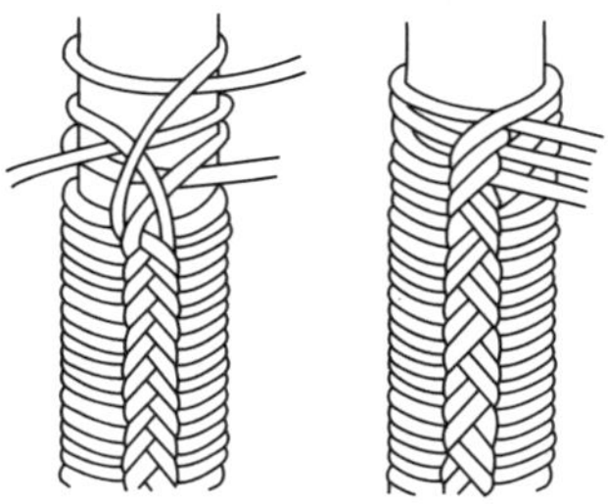

ⓐ ⓑ

[그림166]

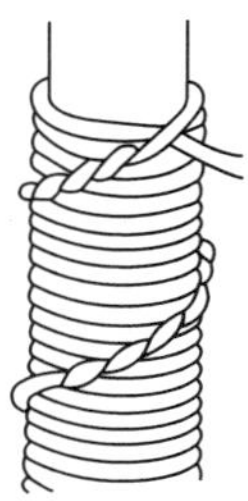

[그림167]

[그림168]

(10) 정색(靜索)의 카버(Baggy wirinkle)

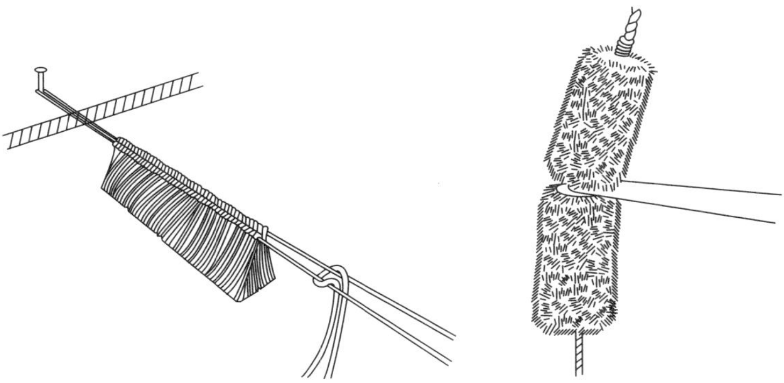

[그림169]

낡은 로프를 이용하여 얀을 짧게 끊어 만드는 것(그림169)과 긴 얀을 그대로 쓰는 것(그림170)이 있다.

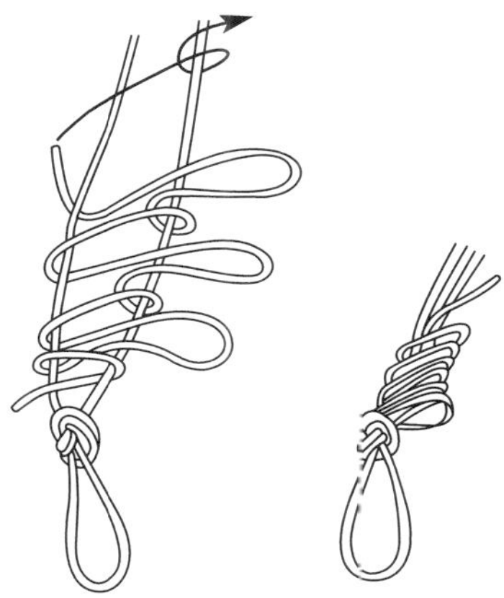

[그림170]

(11) 단정(端艇)

① 보트 노트(Boat knot) (그림 171)
마린 스파이크 히치(Marline spike hitch) 라고도 하며 묘색(닻줄)과 예색에 응용.

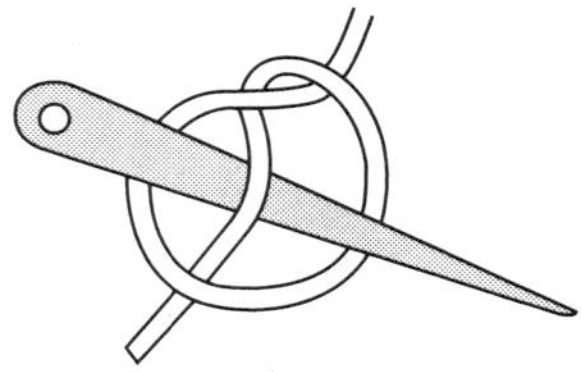
[그림171]

② 러그 보트 노트(Lug boat knot) (그림172)
③ 버지(Burgee) (旗)의 계양법 (그림173)
④ 잼 클리트(Jam cleat)를 매는 법 (그림174)
⑤ 핼여드(Halyard)를 매는 법
a. 토프세일 핼여드(Topsail halyard bend) (그림175)
b. 스턴세일 핼여드 벤드 (Stunsail halyard bend) (그림176)

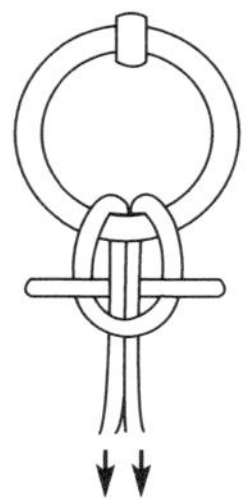
[그림172]

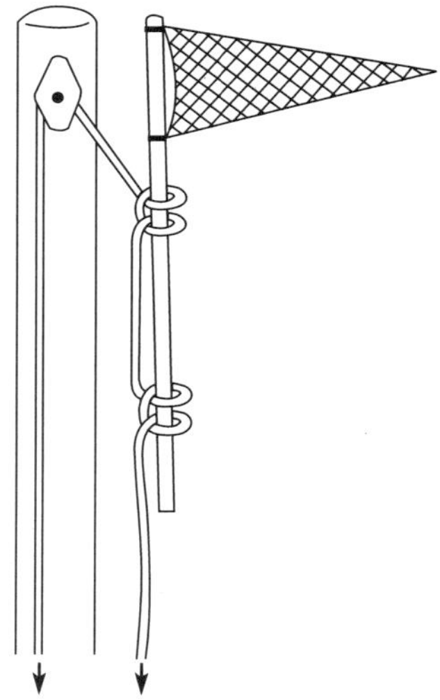
[그림173]

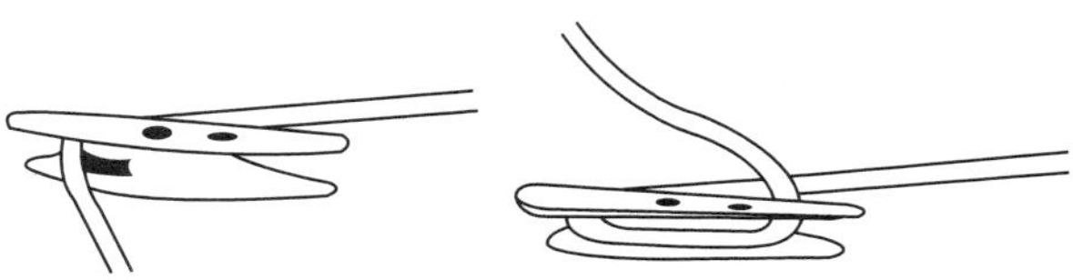
[그림174]

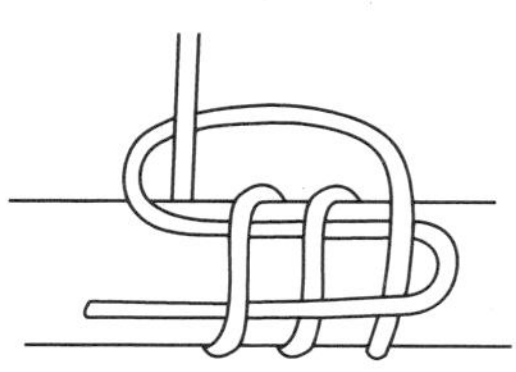
[그림175]

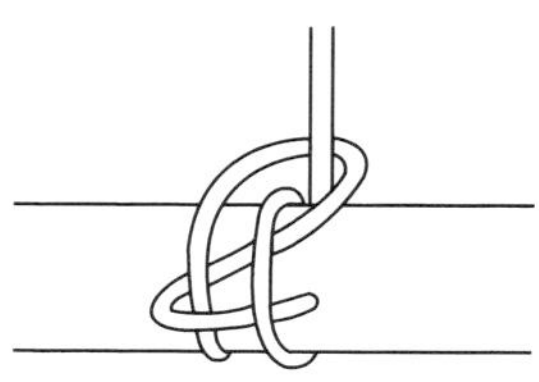
[그림176]

⑥ 돛의 크링글(Cringle)을 만드는 법

a. 볼트 로프(Bolt rope)에 붙이는 경우 (그림177)

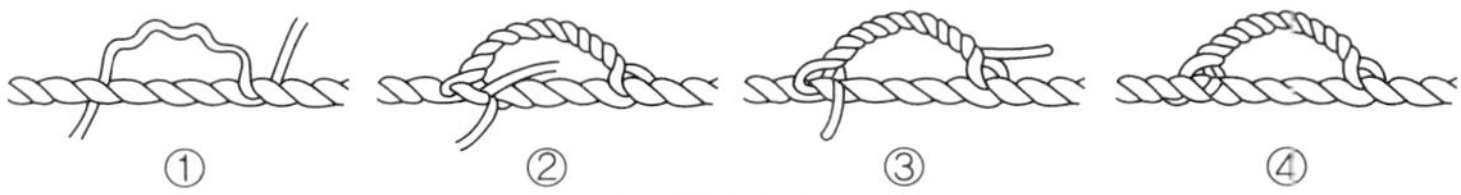

[그림177]

b. 아이레트 홀(Eyelet hole)에 붙이는 경우 (그림178)

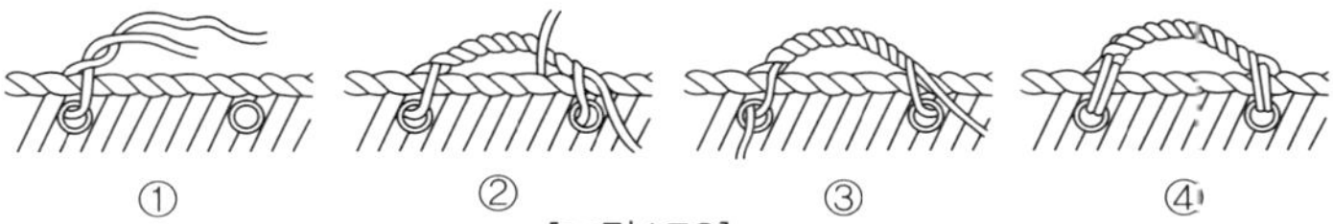

[그림178]

⑦ 로프 얀 노트(Rope yarn knot) (그림179)

⑧ 가이 라인 아이(Guy line eye) (그림180)

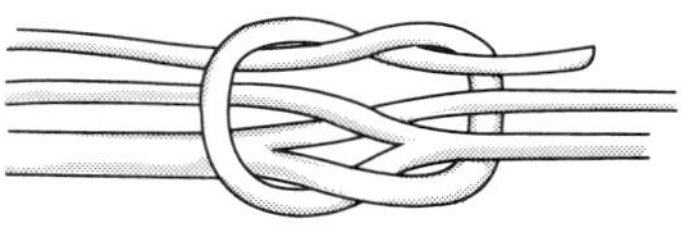

[그림179]

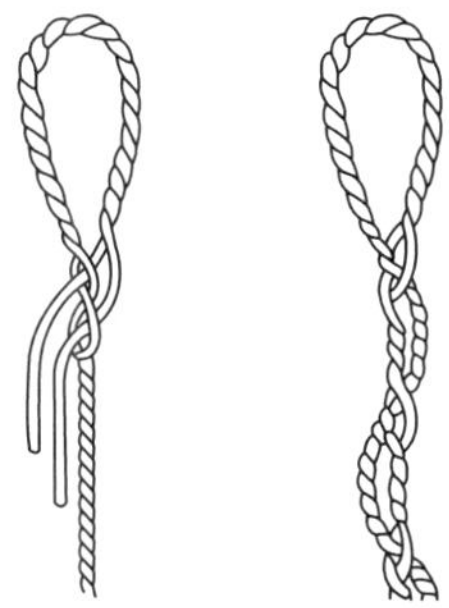

[그림180]

(12) 줄사다리

① 자콥스 래더(Jacob's ladder) (그림181)

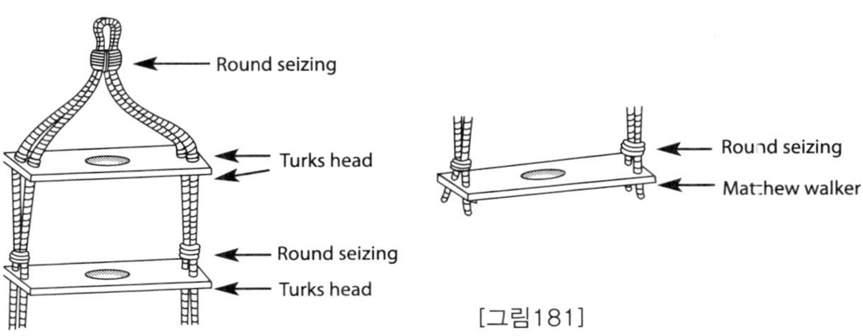

[그림181]

아래쪽 매슈 워커(Matthew walker) 대신에 쇼트 스플라이스(Short splice)하는 경우도 있으며, 보우슨즈체어(Boatwain' s chair)의 경우는 로프를 교차시킨다(그림182).

② 로프 래더 노트(Rope ladder knot) (그림183)

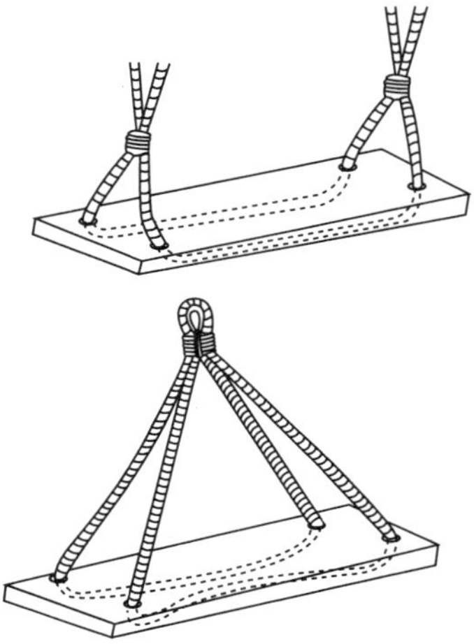

[그림182]

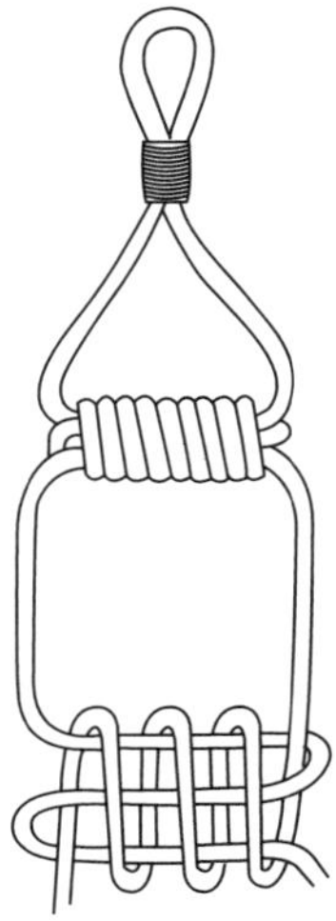

[그림183]

③ 파이어 에스케이프(Fire Escape knot) (그림184)

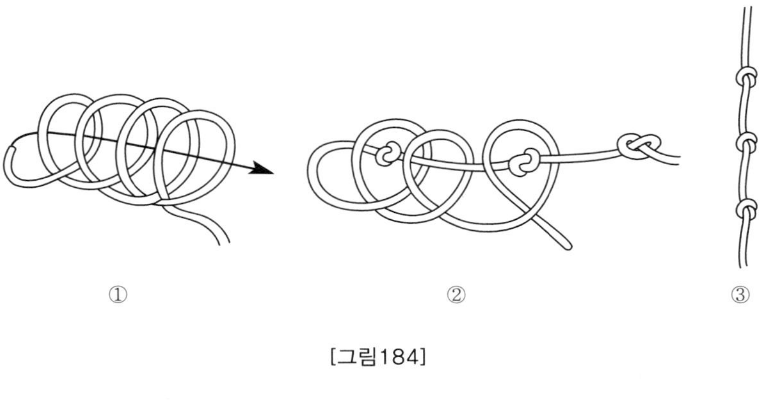

① ② ③

[그림184]

(13) 로프를 타고 오르는 법

① 폴 클라이이밍(Pole Climbing) (그림185)

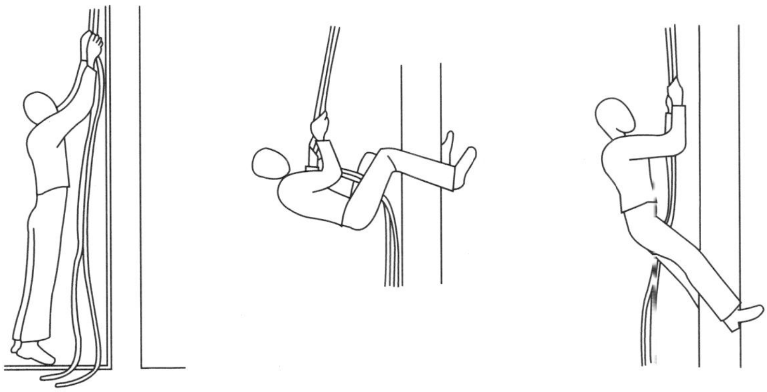

①　②　③

[그림185]

로프의 중앙(Bight)을 걸어 양단을 같이 맞추어 될 수 있는 한 높은 곳을 양손으로 잡아 매달린다. 양발을 높이 올려 기둥(Pole)을 앉듯이 하고 몸을 지탱하며 손을 엇갈리게 위에 뻗치면서 기어오른다. 양손의 위치가 적당한 높이에 이르면 다시 양발을 올리며 이 동작을 연속한다.

② 풋 로크(Foot lock) (그림186)

기둥이 없는 경우는 양손을 뻗쳐 로프를 쥐고 완력으로 몸을 들어올려 한발은 굽혀서 발끝으로 로프를 걸고 다른 발의 외측으로 로프를 휘감는다. 그 발을 들어 로프로 감긴 발의 위에 얹으면 마치 양발을 로프에 감은 꼴이 된다.

이 위치에서 발을 지점(支

①　②　③

[그림186]

點)으로 하여 손을 엇갈리게 뻗어 양팔과 몸이 충분히 위로 오르면 양팔의 로프를 풀며 처음 동작을 다시 반복한다.

③ 로프 클라이밍(Rope climbing) (그림187)

비스듬히 찬 로프를 양손으로 꽉 잡고 아래쪽 손의 가까운 곳에 같은쪽 발을 걸치며 다른 발은 늘어뜨린다. 팔을 굽혀 몸을 지탱한 채 아래쪽 손을 위로 올리고 동시에 늘어진 발을 로프에 걸고 반대쪽 발을 로프에서 내린다. 이 동작을 반복하여 타고 오르며 또 내릴 때는 이를 반대로 동작하면 된다.

[그림187]

(14) 활차(滑車, Block)

① 로프(Rope)와 시브(Sheave)와의 관계

용 도	와이어 로프		삼 로 우 프		
	색 경 (mm)	Sheave 경 (mm)	색 경 (mm)	Sheave 경 (mm)	Shell의 길이 (mm)
하역용 양조색	16 ~ 18	280	34~36	230	
	20	340	38	246	400
	22~24	410			
	26~30	430~480			
하역용 공동색	16	240	20	131	200
	18	280	22	153	230
			24	165	250
하역용 Snatch	16~20	200	20~22	138	270
			24	165	270
계류용 Snatch block			65	200	
			80	240	
현 제 조 색	10	150	22	153	
	12~14	200	24	165	250
현 제 격 납 색			14	82	
			16	95	
단 정 조 색	14	210	22	153	230
	16	240	24	165	250
	18	260	26~28	187	280
	20	280			
Antena 조색	6~10	70	10	100	
Windsail 및 선등조색			10	63	100
			14	120	
Boatswain's chair			16	97	150
기 적 취 명 색	6	50			

(주) 표 중의 Sheave 경은 외경을 나타냄.

② 태클(Tackle)의 종류와 배력 (그림188) (1)~(2)

a. 싱글휘프(Single whip)

b. 런너(Runner)

c. d. 건 태클(Gun tackle)

e. f. 러프 태클 (Luff tackle)

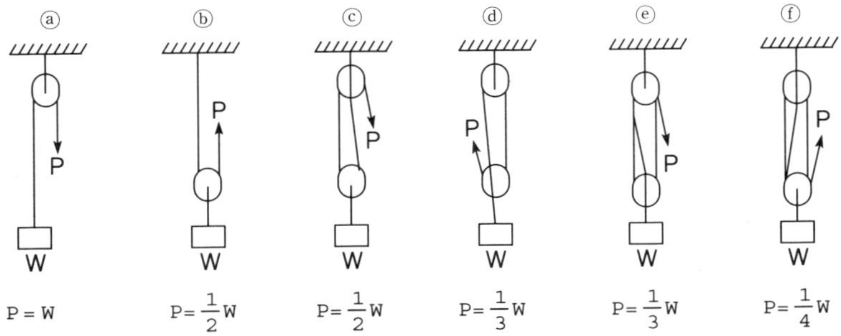

[그림188] - (1)

g. h. 투 폴드 퍼처스(Two fold purchase)

i. 스패니시 버튼(Spanish burton)

j. 더블 스패니시 버튼(Doule spanish burton)

k. 벨 퍼처스(Bell purchase)

l. 러프 어폰 러프(Luff upon luff)

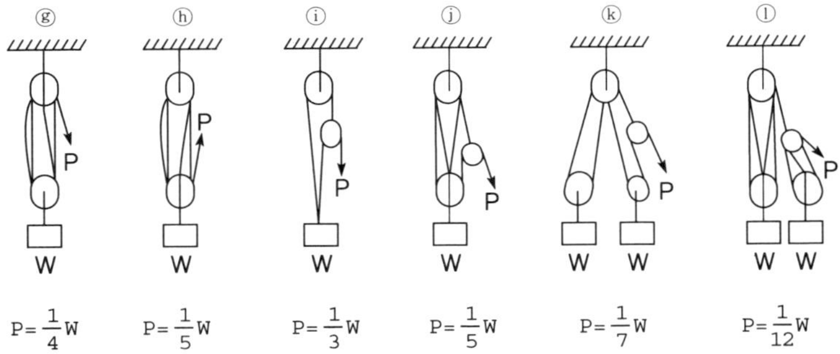

[그림188] - (2)

제2장 제범(製帆)

제1절 범포(帆布, Canvas)

(1) 종류와 호수(號數)

① 아마범포(Flax canvas) : 1~8호

② 면(綿, Cotton) 범포 : 0~11호, 특히 8호 이하를 더크 캔버스(Duck canvas)라 부른다.

③ 대마(大麻, Hemp) 범포 : 1~6호

④ 타포린 캔버스(Tarpaulin canvas) : 아마 또는 면 범포 3호를 타르나 방수약품으로 방수 가공한 것.

⑤ 합성섬유 범포 : (비닐론) 1~6호
(나일론, 파일렌) 100호, 200~1,000호

(2) 강도(强度)

시험자료(폭 3cm, 길이 20cm)를 인장시험(引張試驗)을 하여 가로와 세로방향의 강도를 kg 단위로 표시.

(3) 용도(用途)

창구복포(艙口覆布), 개구부(開口部)복포, 단정(端艇)복포, 천막(天幕), 구명정(救命艇)용범. 기타.

(4) 봉사(縫糸, Twine) (그림1)

① 시밍 트윈(Seaming twine) : 제범 및 수선용

② 로핑 트윈(Roping twine) : 볼트 로프(Bolt rope)를 달 때 아이레트 홀(Eyelet hole)을 만들 때 사용.

원칙적으로 범포와 같은 섬유

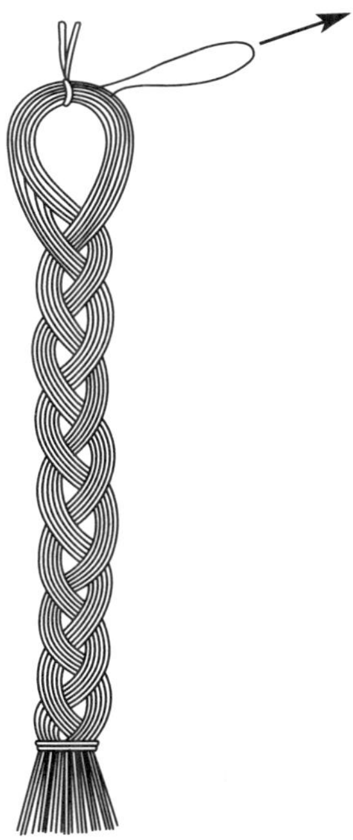

[그림1]

인 트와인을 쓰며, 합성섬유의 경우는 트와인 절단면의 고착용으로 같은 계통의 접착제(接着劑)를 사용.

(참 고) 범포의 호수

1. 호수가 많을수록 엷다.
2. 더크 캔버스(Duck canvas) : 8호 이하의 면 범포.
3. 창구복포(Hatch tarpaulin) : 적당한 방수범포를 다수 모아 필요한 크기로 봉합(縫合)하여 봉합부분을 방수 처리한 것.
4. 각종 범포의 강력 비교 예

품 명	품 번	강력(kg / 3cm)	중량(g/m)
나일론 범포	100 200 300 400	220X210 200X180 180X160 130X120	600 500 430 340
파일렌 범포	300 600 900 1000	180X170 140X120 100X110 100X 90	580 420 375 330
비닐론 범포	2 3 4 5	180X180 140X140 100X100 80X80	730 630 560 415
면 범포	0 3 6 9	175X200 160X145 120X115 85X90	1080 882 683 510
아마 범포	1 3 5 7	150X200 120X150 100X120 85X100	898 752 603 461

제2절 제범용구(用具)

(1) 세일 니들(Sail needle) (帆縫針) (그림2)

축 척 $\frac{7}{10}$

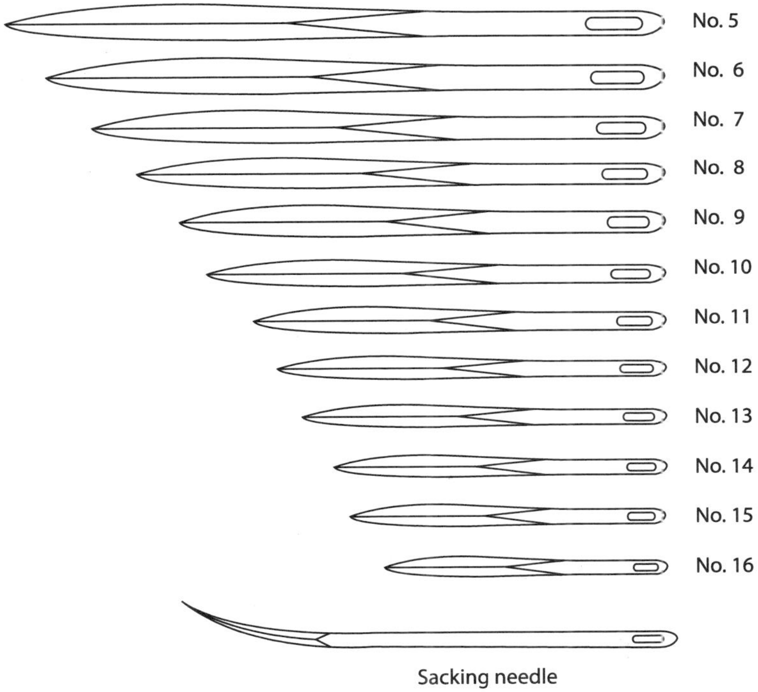

[그림2]

- 5~13번 : 로우핑 니들(Roping needle)
- 14, 15번 : 시밍 니들(Seaming needle)
- 16번 : 더크 니들(Duck needle)
- 창구 복포 등을 현재 사용중인 상태에서 수선할 때는 섀킹 니들(Sacking needle)

(2) 팜(Palm)(革掌)

- 로핑 팜(Roping palm) : 대형인 것 (그림3)
- 시밍 팜(Seaming palm) : 소형인 것 (그림4)

[그림3]

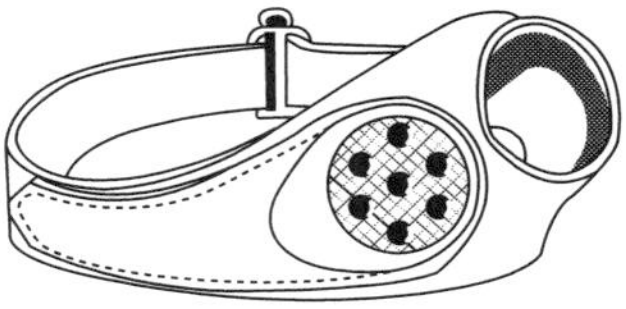

[그림4]

(3) 펀치(Punch)(打孔器)

- 레더 워셔 펀치(Leather washer punch) (그림5)
- 아이레트 펀치(Eyelet punch) (그림6)

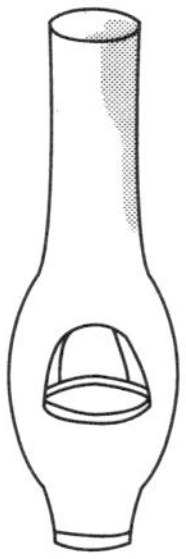

[그림5]

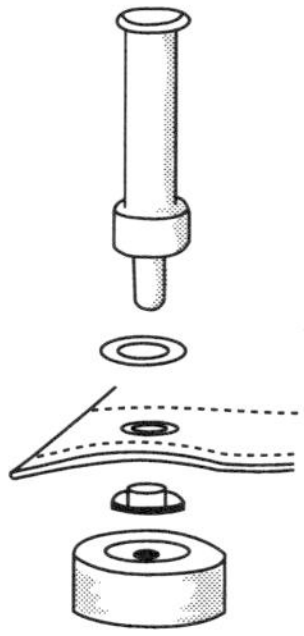

[그림6]

(4) 왁스(Wax)

밀초, 파라핀 왁스 등 트와인과 바늘에 발라 트와인의 보호와 바늘을 미끄럽게 한다. 그대로는 쉽게 부서지므로 가열 용해하고 타르와 오컴을 소량 혼합하여 냉각시키고 적당한 크기로 잘라 헝겊으로 싸서 쓴다.

(5) 말레트(Mallet)

(6) 피드(Fid)

(7) 프리커(Pricker)

(8) 핀서(Pincers)

(9) 세일메이커즈 후크(Sailmaker' s hook) (그림7)

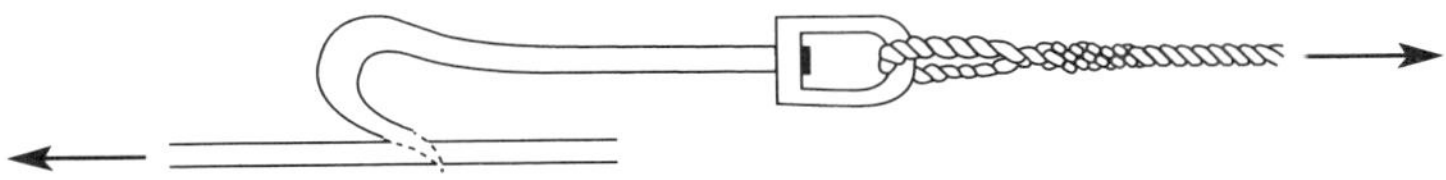

[그림7]

제3절 재단(裁斷, Cutting)

(1) 범포는 사용상태에 따라 신축하므로 추산 신축량에다 봉합(縫合), 봉입(縫込), 절반(折返)등 량을 첨가하여 갑판 같은 곳에서 현도(現圖)를 그린 후 재단한다.

(2) 날줄(縫糸)에 따라 직선으로 재단하는 경우는 범포 재단선상의 씨줄(横糸)의 윗줄을 칼로 자르고 날줄 1개를 끄집어내어 홈을 만들고 홈에 따라 가위로 자른다.

(3) 칼로 재단하는 경우는 왼손 손가락에 범포를 끼어 칼날이 위를 향하게 바른손으로 잡아 재단선에 대고 앞으로 미는 듯 자른다.

(4) 비스듬히 재단한 범포는 부채꼴로 벌어지는 습성이 있으므로 절단부를 무리하게 당기지 않도록 한다.

제4절 재봉(裁縫, Seaming)

(1) 감치기

① 봉입(縫込)

재단부가 풀리는 것을 방지하기 위하여 재단선을 1~2cm 안쪽으로 접고서 그 접은 금을 깁는 것을 말한다.

② 봉합(縫合)

양 범포의 가장자리를 서로 포개어 봉할 때 그 폭을 말하며, 보통 2.5cm, 엷은 것, 2cm, 두꺼운 것 4cm 정도이다.

③ 단접기(折返)

범포의 가장자리를 약간 뒷면으로 접어 범포자체에 봉하여 튼튼한 가장자리를 만들 때 이 접은 부분을 말하며, 그 폭은 아이레트(Eyelet)를 만들 때는 8~9cm, 그렇지 않을 때는 2~3cm, 가는로프를 감싸 봉할 때는 4~6cm로 한다.

④ 직이(織耳)의 봉착

범포의 봉착선(縫着線)이 섬유인 때는 그대로 봉한다.

(2) 운침(運針)

① 실을 끼는 법 (그림8)

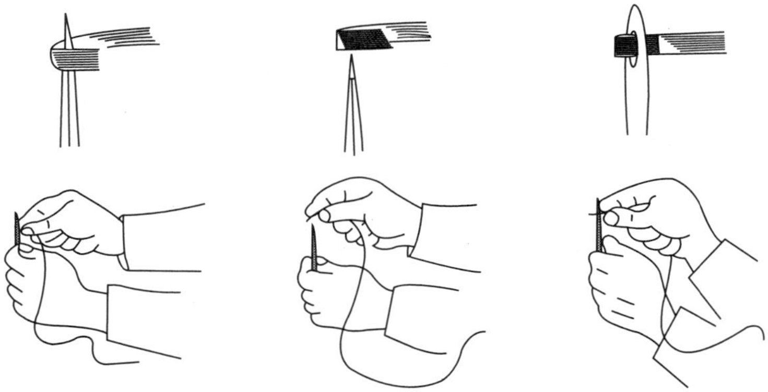

① ② ③

[그림8]

② 실끝 맺는 법

실의 끝을 2.5cm 정도 범포의 봉착선에 끼어 깁기 시작 하던가 오버핸드 노트(Overhand knot)로 하던가, 같은 곳을 2회 이상 거듭 봉한다.

③ 실을 잇는 법

• 묶어 잇기 (그림9)

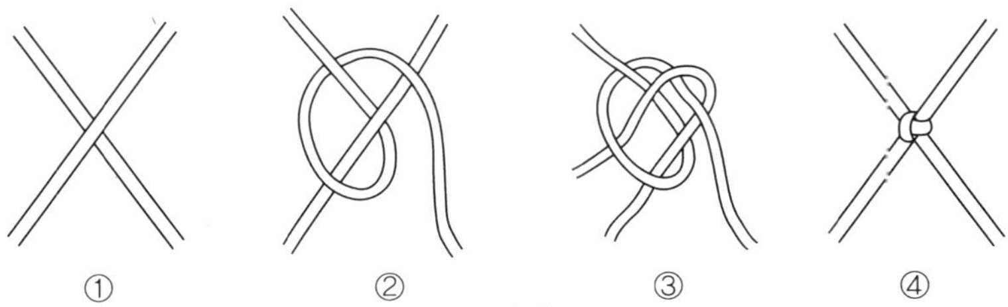

[그림9]

• 겹쳐 잇기 (그림10)

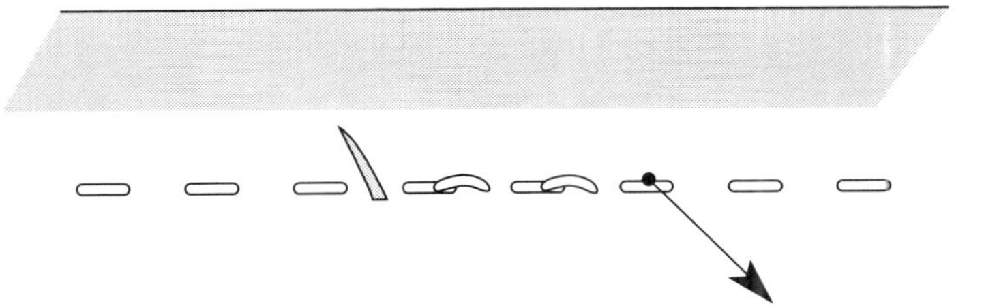

[그림10]

• 꼬아 잇기 (그림11)

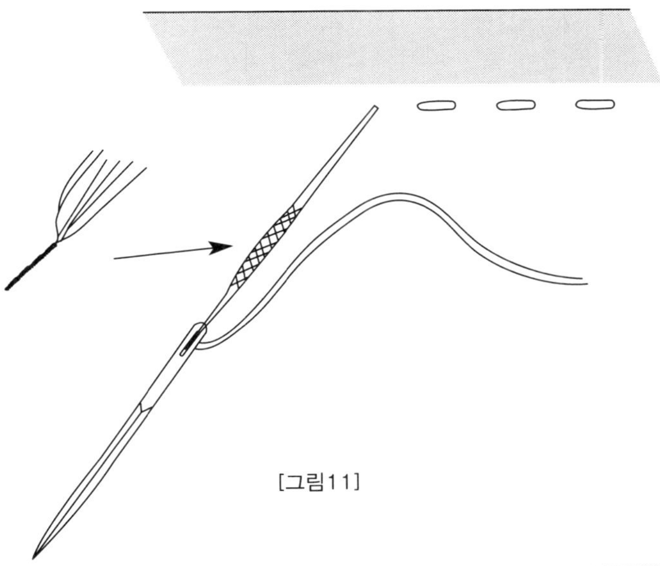

[그림11]

④ 바늘의 눈

a. 새 범포 : 2.5cm 마다 3바늘

b. 낡은 범포 : 5cm 마다 4~5바늘

c. 엷은 범포 : 2.5cm 마다 4바늘

d. 미들 시밍(Middle seaming) : 2.5cm 마다 2바늘

⑤ 바늘의 각도

실을 잡아당겼을 때 실눈이 봉합선에 대하여 45° 면 된다.

(3) 재봉법의 종류

① 플랫 시밍(Flat seaming _감치기) (그림12)

② 라운드 시밍(Round seaming _감치기) (그림13)

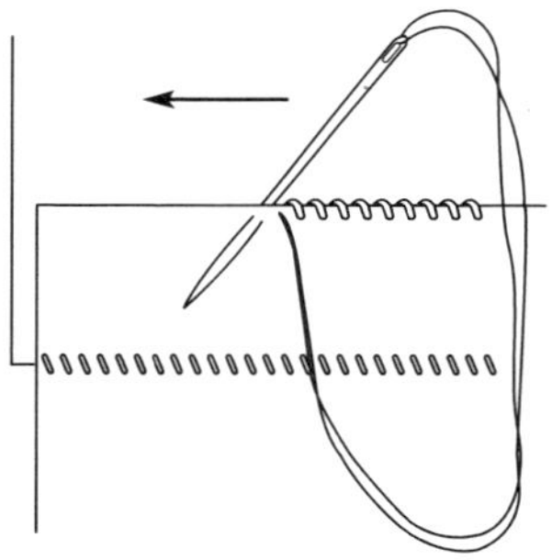

[그림12]

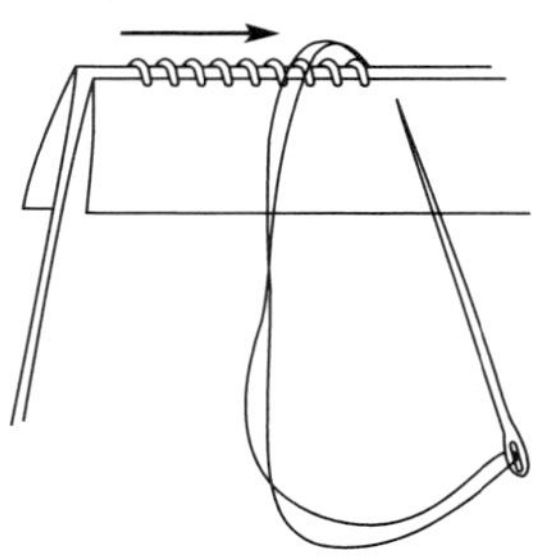

[그림13]

③ 미들 시밍(Middle seaming _홈질) (그림14)

④ 테이블링(Tabling _공고르기) (그림15)

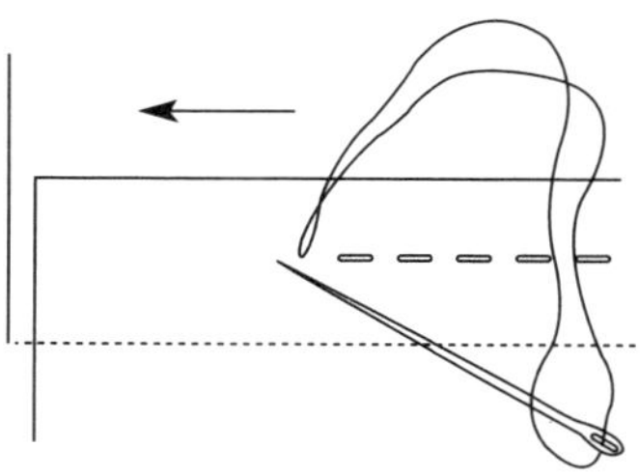

[그림14]

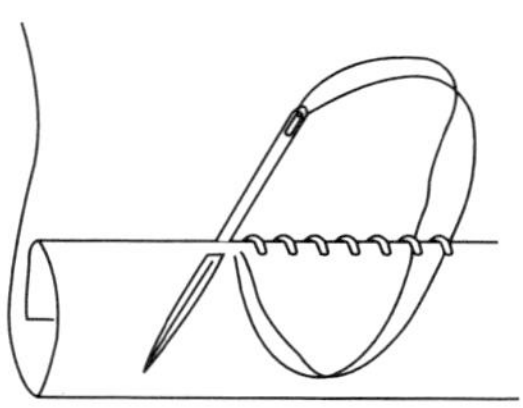

[그림15]

⑤ 헤링 본 스티칭(Herring bone stiching _오늬무늬짜기) (그림16)

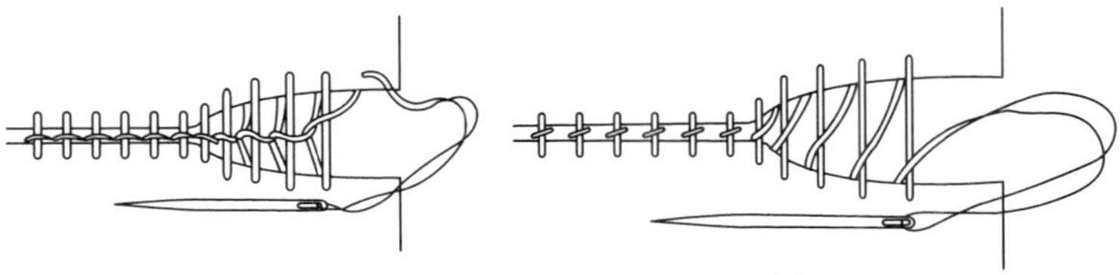

(1) (2)

[그림16]

⑥ 데코레이팅 시밍(Decorating seaming _가장자리 장식) (그림17)

⑦ 걸어깁기 (그림18)

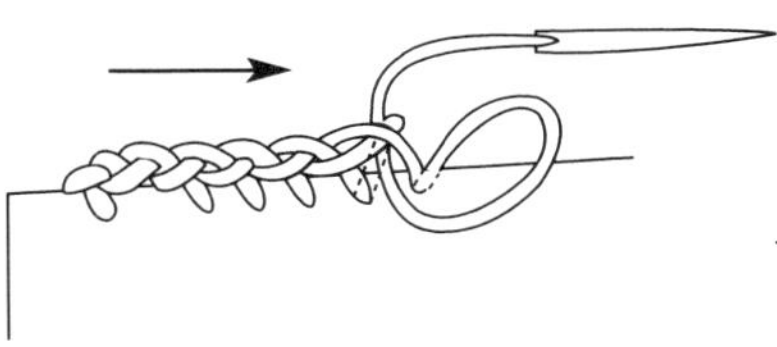

[그림17]

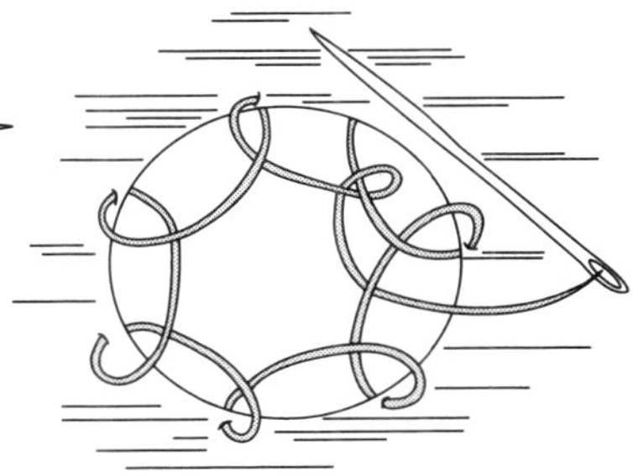

[그림18]

⑧ 구멍 메우기(불량개소의 수선용)

⑨ 더블 스티칭(Double stitching _거듭바느질) (그림19)

⑩ 백 스티칭(Back stitching _박음질)

⑪ 시침질(가봉)

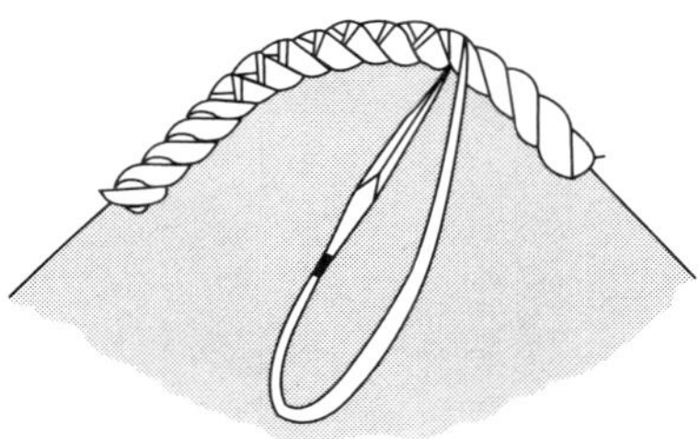

[그림19]

제5절 재봉법의 응용

(1) 볼트로프(Boltrope)를 기어 붙이는 법 (그림20)

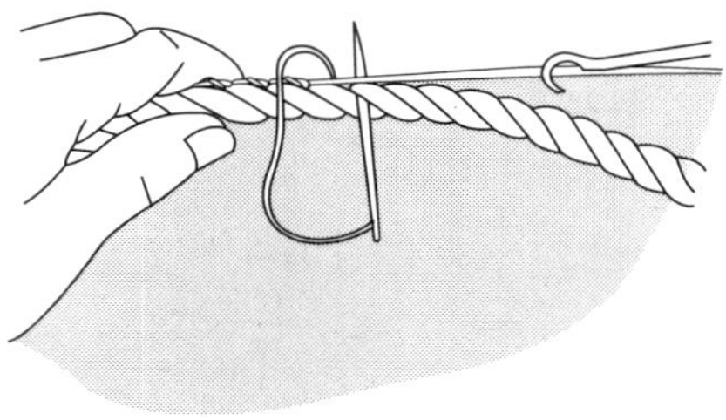

[그림20]

(2) 이어링(Earing)을 붙이는 법 (그림21)

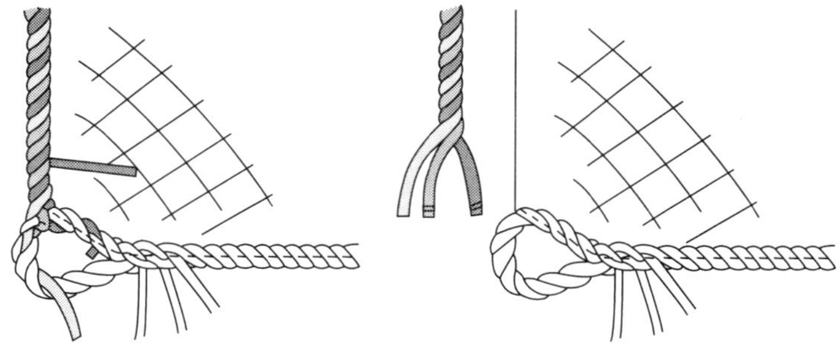

[그림21]

(3) 아이레트 홀 (Eyelet Hole)을 만드는 법 (그림22)

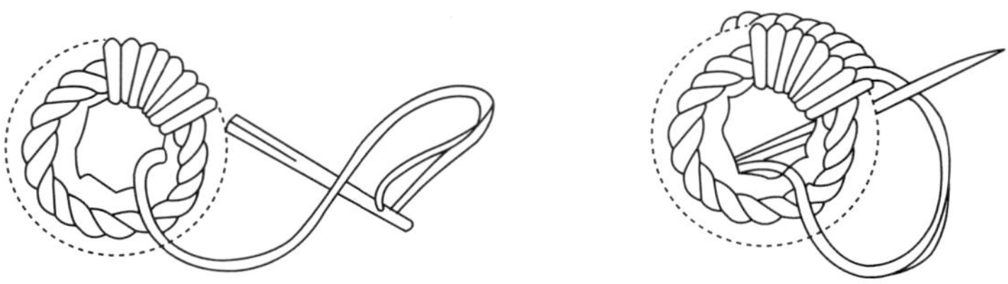

ⓐ 앞 ⓑ 속

[그림22]

(4) 디티배그(Ditty bag)를 만드는 법 (그림23)

(5) 드로우 버켓(Draw bucket)를 만드는 법 (그림24)

(6) 보트 커버(Boat cover)의 재단 (그림25)

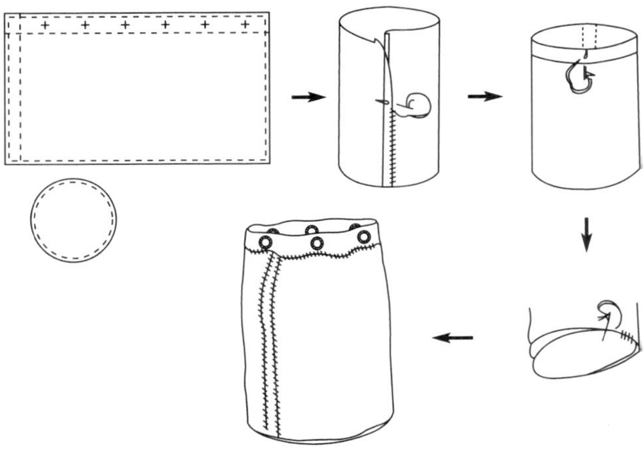

[그림23]

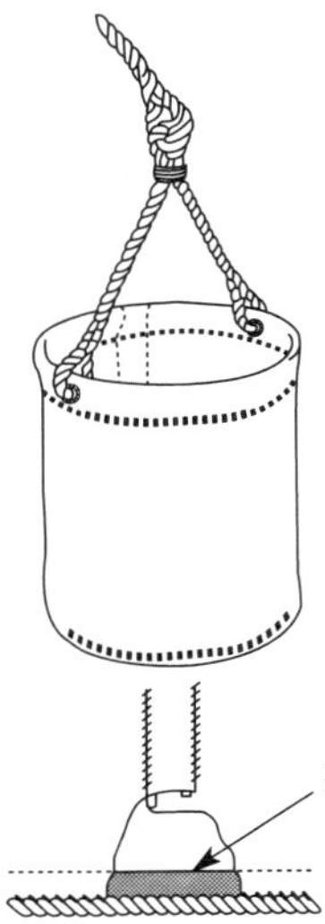

[그림24]

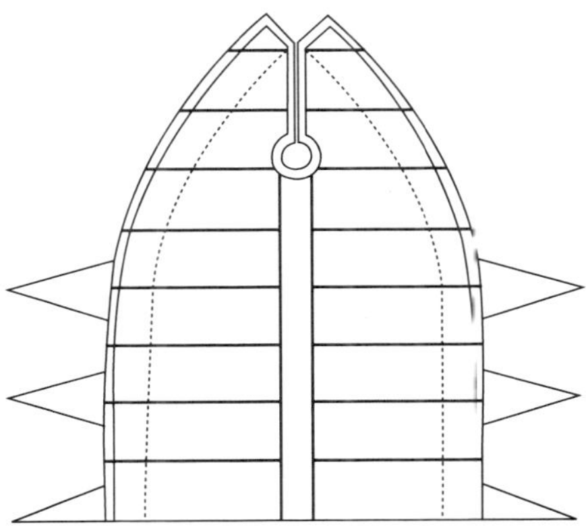

[그림25]

제3장 선박 도장(塗裝)

제1절 도료(塗料)

(1) 도료의 기능과 도장 목적

도료의 기능
- 방식(防食) : 방청(防銷), 방습(防濕), 내후(射候), 내유(射油), 내약품 (射藥品)
- 방오(防汚) : 생물의 부착방지, 살균, 살충
- 절연(絶緣) : 열과 전기의 절연, 방음

→ 물체표면의 보호

- 장식(裝飾) : 미장, 입체화, 표지
- 청결(淸潔) : 평활화(平滑化)

→ 물체표면의 미화

물체표면의 보호, 물체표면의 미화 → 도장 목적

(2) 도료의 조성

도막(塗膜) 요소 (도막을 구성하는 불휘발성분)
- 안료(顔料) (착색 성분)
- 중합체 (重合体) (도막주요소)
- 첨가제(添加劑) (도막부요소)
- 용제(溶劑) (도막조요소)

중합체, 첨가제, 용제 → 투명(透明) 도료 / 전색제(展色劑) : 비히클(Vehicle)

안료 + 전색제(비히클) → 착색 도료

(3) 도료의 분류방법

▸ 원료의 종류	: 유성도료, 주정(알콜)도료, 수성도료, 합성수지도료 등
▸ 도료의 상태	: 견련(堅練)페인트, 조합(調合)페인트, 분상(粉狀)페인트, 에머전 페인트 등
▸ 도장의 성상(性狀)	: 속건(速乾)페인트, 소성(塑性)페인트, 자반응(自反應)페인트 등
▸ 도장의 성능	: 하도(下塗)페인트, 청지(精止)페인트, 내습(耐濕)페인트, 시운(示溫)페인트 등
▸ 도장방법	: 브러쉬(귀알)칠용 페인트, 분무도장용 페인트, 정전(靜電)도장용 페인트 등
▸ 피도물의 종류	: 선저 페인트, 콘크리트용 페인트, 유리용 페인트 등
▸ 도료의 기능면	: 푸티(Putty), 프라이머(Primer), 언더 코팅(Under coating), 톱 코팅(Top coating_마무리 칠) 등

(4) 각종 도료의 성능비교

[제1표] 각종 도료의 성능비교

원료의 종류에 의한 분류 \ 성능	건조성	작업성	광택	경도	밀착성	내열성	내마모성	내후성	내수성	내염수성	내유성	내용제성	내산성	내알카리성	가격
조합페인트	X	☆	△	X	☆	☆	O	O	X	X	△	X	X	X	☆
합성수지페인트	△	☆	O	O	☆	☆	O	☆	△	△	△	△	X	X	☆
자연건조푸탈산도료	O	☆	☆	O	☆	☆	O	☆	△	△	☆	O	△	X	☆
흑바니시	O	☆	O	O	X	△	X	X	O	△	△	X	△	△	☆
염화고무도료	☆	O	X	O	X	X	X	X	O	O	☆	△	△	O	☆
염화비닐도료	☆	O	X	O	△	X	O	O	☆	O	☆	O	☆	☆	O
로진변성페놀수지도료	△	☆	O	O	△	O	O	△	O	△	O	X	△	X	☆
100%페놀수지도료	△	☆	O	O	O	O	O	△	☆	△	☆	△	△	△	O
에폭시폴리아미드수지도료	△	△	☆	☆	☆	O	☆	△	☆	☆	☆	☆	☆	☆	X
폴리우레탄수지도료	O	△	☆	☆	☆	O	☆	△	☆	☆	☆	☆	☆	☆	X
폴리에스터수지도료	☆	△	☆	☆	O	O	☆	☆	☆	☆	☆	O	☆	O	O
라커	☆	O	△	△	O	X	X	△	☆	O	O	X	O	O	X
하이솔리드라커	O	O	O	△	O	X	△	O	O	O	☆	X	O	O	O

기호 : ☆우수, O양호, △보통, X불가

제2절 도장작업

(1) 도장공정(工程)

① 소지조정(素地調整)

- 수공낙청(手工落錆) : 스크레이퍼(Scraper), 치핑해머(Chipping hammer), 와이어브러시(Wire brush), 샌드페이퍼(Sand paper)
- 동력낙청(動力落錆) : 에어해머(Air hammer), 전기해머(Electric hammer), 샌드블라스트(Sand blast), 쇼트블라스트(Shot blast)
- 화학처리 : 탈지(脫脂), 제산(除酸)

② 도장순서

- 하도(下塗) : 워시 프라이머(Wash primer), 푸티(Putty), 프라이머 서피서(Primer Serfacer)
- 중도 : 언더 코팅(Under coating)
- 상도 : 톱 코팅(Top coating)

(2) 도장방법과 피도물과의 관계 (제2표)

(3) 선체 각부의 도장과 회수 표준표 별첨 (제3표)

[제2표] 도장방법과 도료 및 피도물과의 관계

도장방법	적용하는 도료			도장물	용구 및 방법	특 징
	도막형성호소의 증발속도	농 도	종 류			
브러시 칠	너무 속도가 빠르지 않은 것	속성이 크지 않은 것	각 종	일 반	브러시로 고루 칠한다	일반적
이김칼로 늘어 낸다.	초기 증발속도가 극히 빠른 것은 제외한다.	소성이 큰 것	푸티(Putty) 이김칼용 바니시	비교적 평범한 곳	이김칼로 밀어 낸다.	단1회로서 두텁게 칠해진다.
천뭉치로 문지르기	초기 증발속도가 극히 빠른 것	점성 유동도가 극히 큰 것	셀다크바니시 (Shellac vanish), 클리어래커 (Clear laequer)	목재의 평면	묽게한 도료에 천뭉치를 적시고 전회에 칠한 도막의 표면을 문질러 녹이면서 편편하게 한다.	도면이 평활하게 완성된다.
분무식 도장	빨라서 좋다	티크소트로피 (Thixotropy)가 너무 크지 않은 것	래커(Lacquar), 합성수지에나멜 (Enamel), 조합, 페인트, 에머전페인트	일 반	스프레이건(Spray gun)으로 도료를 내뿜는다.	작업능률이 좋으나 시너(Thinner)가 많이 든다. 에어레스 스프레이(Air-less spray)는 분무비말이 적다.
롤러, 칠 (Loller)		전면 도장에는 티크소트로피 (Thixotropy)가 크지 않은 것	합성수지도료 래커 (Lacquar)	평 면	인쇄하듯 로울러(Roller)에 도료를 발라 도면에 칠한다. 로울러(Roller)의 화선은 정과 역이 있 다.	대량 연속도장에 사용한다. 역회전은 1회의 도료량이 많으나 로울러마크 (Loller mark)가 된다.

(비고) 티크소트로피 (Thixotropy) 조합페인트나 에머전페인트를 교각봉으로 휘저으면 회전속도가 느리면 저항이 커서 유동이 어려우나 급격히 저으면 저항이 작아져서 유동하기 쉬워지고 교자을 정지하여 잠시 방치하면 원상회복하는 이런 상태를 말한다.

[제2표] 도장방법과 도료 및 피도물과의 관계

외현	수선상부외관		방청 도료②, 흑색(희망색) 페인트②	
	수 선 부		방청도료②, A/C②, B/T②	
	선 저 부		방청도료②A/C③, A/F②	
	식 당 선원실 내부 객 실 통 로	강 재	방청도료②, 백색이나 착색 페인트②	천정은 콜크페인트 완성
		목 재	백색이나 착색 페인트③	필요에 따라 고급장식 도장
		가 구	주정니스 또는 수지계니스 완성	
		상 면(床面)	역청질도료②, 라텍스수지계 또는 마그네슘데크 콤포지숀	천정은 콜크페인트 완성
배선실, 주방, 욕실, 변소 등		강 재	방청도료②, 백색이나 착색페인트③	천정은 콜크페인트 완성
		목 재	백색이나 착색페인트③	
		상 면	시멘트몰사르 및 타일포장	욕실과 변소는 타일
갑판상부구조	갑판실 및 외부구조물 전반	강 재	방청도료②, 백색페인트③	
		목 재	경 재 : 오일니스나 수지계 니스로 완성 / 연재 : 백색이나 착색페인트③	
	마스트와 데리크 등		방청도료②, 마스트칼러©	
	연 돌		방청도료②, 흑색이나 기타의 페인트② (내연성을 고려)	에나멜로 완성할때도 있음
	통풍통의 내외		방청 도료 ②, 흑색(희망색)페인트 ②	
	갑판기계 계선설비		방청도료②, 흑색이나 회색페인트②	
물	단정, 구명부기		백색페인트②	시험규정 준수
	파이프류		방청도료②, 백, 적, 흑, 기타색 페인트②	
폭 로 갑 판			방청도료①, 데크페인트②	

구분			도장	비고
갑판기계 하부			역청질도료②	
현측 수도			내수도료② 또는 시멘트 몰타르 포장	
화물선	화 물 창	강 재	방청도료② 또는 홀드페인트②	
		상 면	시멘트 포장	
	석 탄 고	강 재	역청질도료② 또는 벙커페인트②	
		상 면	탈시멘트 포장	
	금 수 로		역청질도료② 또는 저부 : 시멘트 몰타르 / 상부 : 시멘트 워시	
갑판창고, 타기실		강 재	방청도료②, 백색페인트②	
		목 재	백색페인트②	
냉 장 고			역청질도료 또는 어창페인트②	
2중저내부		유 조	기름칠①	
		수 조	저부 : 시멘트 몰타르, 상부 : 워시 시멘트② 또는 역청질 도료②	
선 수 미 조			저부 : 시멘트 몰타르, 상부 : 워시 시멘트②	
묘 쇄 고		강 재	방청도료②	묘쇄는 방청도료① 또는 흑색 산화철①
		상 면	역청질도료②	
		목 재	콜타르도장	
기 관 실		강 재	방청도료②, 백이나 회색 페인트②	
축 실		상	역청질 도료②	
보일러실		기 계	역청질 도료②	
발전기실		상 재	방청도료②, 역청질 또는 내산페인트②	
전 지 실		상	시멘트 몰타르 포장	

(주) o속의 숫자는 도장 회수임.

(4) 도장량 참고 표준

① 도장 침수면적 산출법

· 데니(Denny)의 식

$$A = 1.7L \cdot D + V/D$$
$$= 1.7L \cdot D + Cb \cdot L \cdot B$$

· 테일러(Taylor)의 식

$$A = C\sqrt{W \cdot L}$$

단 A : 침수 표면적(m^2)

L : 배의 길이(m)

B : 배의 넓이(m)

D : 평균 흘수(m)

V : 배수 용적(m^3)

W : 배수 톤수(tons)

Cb : 방형 비척 계수

C : B/D에 의하여 다음 표와 같이 변화하는 계수

B/D	C	B/D	C
2.0	2.609	2.8	2.596
2.1	2.601	2.9	2.601
2.2	2.594	3.0	2.608
2.3	2.589	3.1	2.614
2.4	2.588	3.2	2.623
2.5	2.588	3.3	2.633
2.6	2.589	3.4	2.643
2.7	2.593	3.5	2.654

② 선저도료 도장 소요 표준량

$$1호\ 선저도료(A/C)의\ 소요량 = \frac{침수\ 표면적(A)}{1kg당의\ 도장면적(X)}$$

단, X의 값 : 여름 = 신조당시 6m²

= 다시 칠할 때 5m²

겨울 = 여름의 60%

A/C에 대한 A/F, B/T의 소요량

A/C	A/F	B/T
100	75	25

〈참 고〉

1. 수용 공구 (그림1, 그림2)

구즈 네크 스크레이퍼
(Goose neck scraper)

핸드 스크레이퍼
(Hand scraper)

치즐 스크레이퍼
(Chisel scraper)

치핑 해머
(Chipping Hammer)

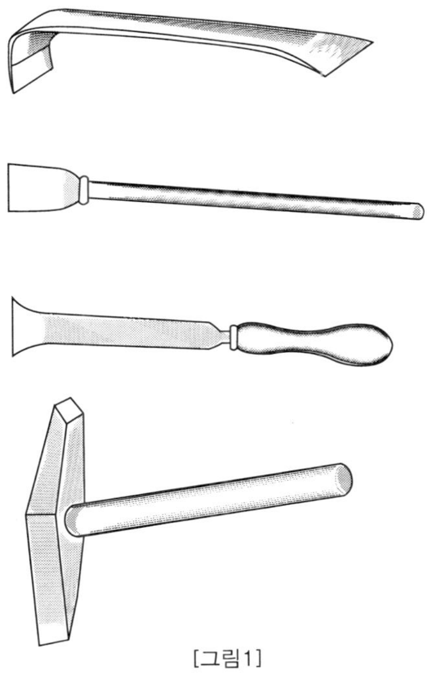

[그림1]

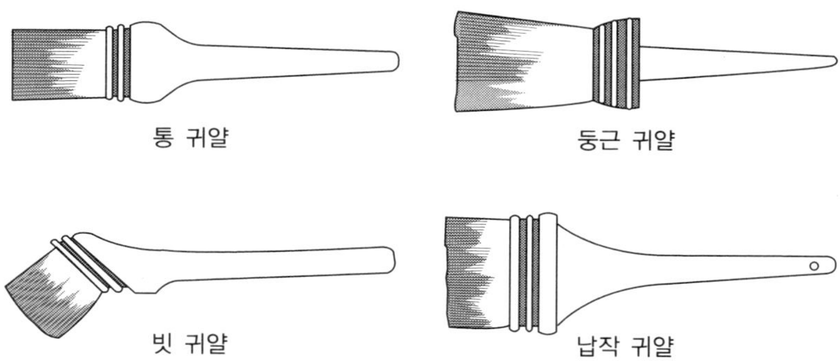

[그림2]

2. 이김칼 만드는 법 (그림3)

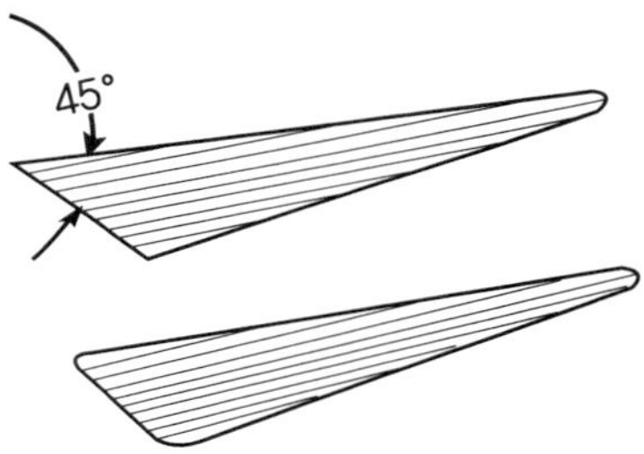

[그림3]

3. 솜뭉치 만드는 법 (그림4)

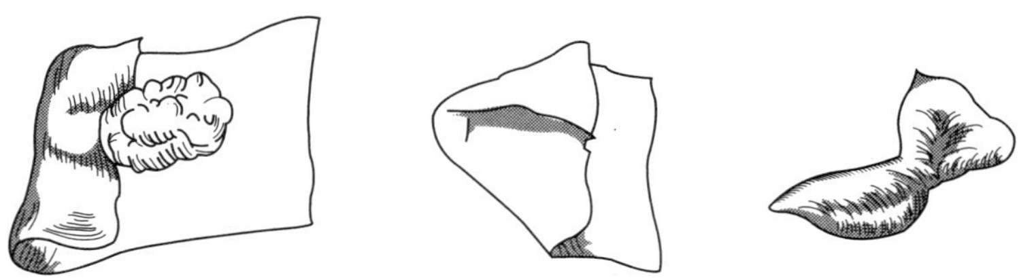

[그림4]

4. 인부 1인당 1시간의 표준작업량은 4~5m² 이다.

제3절 색체(色彩)의 표시법(만셀 표색계)

(1) 색상(色相, Hue) (그림5)

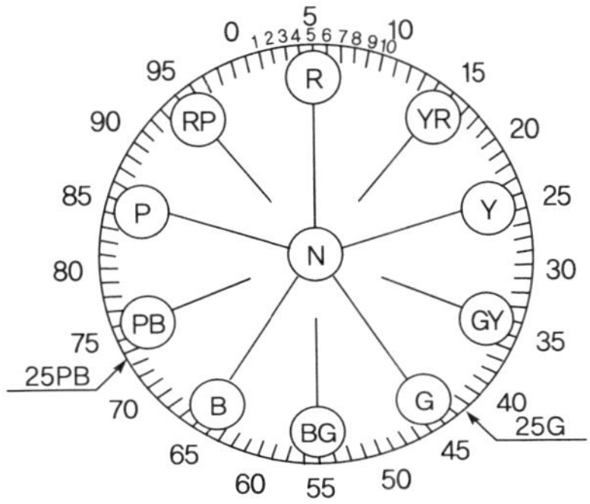

[그림5]

- 주요색상 : 적(Red), 황(Yellow), 녹(Green), 청(Blue), 보라(Purple)
- 중간색상 : 황적(YR), 황록(YG), 청록(BG), 청자(BP), 적자(RP)

(2) 명도(明度, Value) (그림6, 그림7)

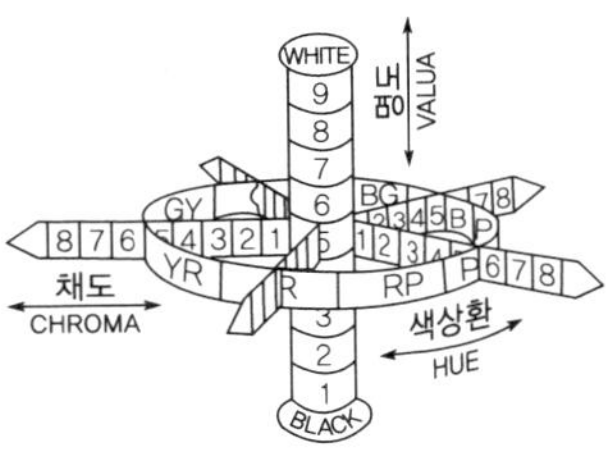

[그림6]

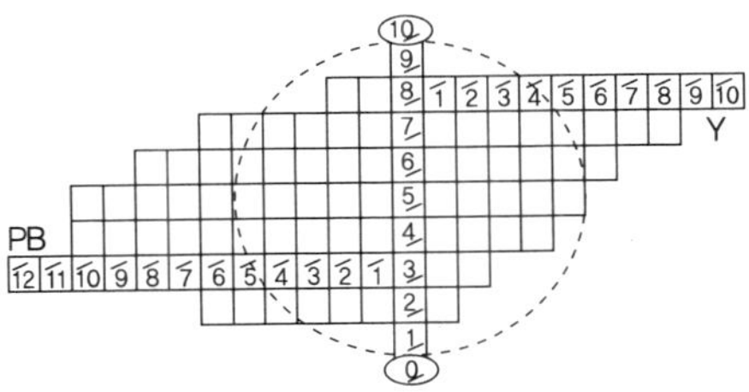

[그림7]

완전 흑을 하단의 0, 완전 백을 상단의 10으로 하여 그 사이를 감각적인 균등비율로 구분한다.

(3) 채도(彩度)(Chroma)

색의 청탁을 나타내는 것이며, 스펙터의 색에 가장 가까운 것이 가장 채도가 높은 색이며 이 색을 순색(純色)이라 부른다.

(4) 색립체(色立体, Color solid)

색상, 명도, 채도를 색의 3속성이라고 말하며, 이것을 공간의 3차원에 배치한 것을 색립체라 한다.

만센 표색계에서는 색을 나타내는데 다음과 같이 한다.

HV/C 즉 H : 색상
V : 명도
C : 채도

예를 들면 10Y 8/3은 10Y의 색상을 갖고 8만큼의 명도가 있으며, 3만큼의 채도를 갖고 있음을 나타낸다.

부 록

1. 그물감(網地)의 사단법(斜斷法)

① 가로 방향으로 2발 끊을 때 : 이를 Mesh Cut(가로끊기)이라 부르고 M으로 표시한다.

② 세로 방향으로 2발을 끊을 때 : 이를 Point Cut(세로끊기)이라 부르고 P로 표시한다.

③ 발 2개 가운데 어느 하나만 끊을 때 : 이를 Bar Cut(빗끊기)이라 부르고 B로 표시한다.

M과 P는 칼질 1회 마다 가로 또는 세로 방향으로 1코씩 잘리고, B는 1회마다 가로와 세로가 반 코씩 잘린다. 사단법에서는 주르 P와 B의 관계를 고려하게 된다. 즉, 그물감을 삼각형(직각 삼각형, 2등변 삼각형, 사다리꼴 등)으로 만들 때에는 B와 P를 섞어서 사단하게 된다.

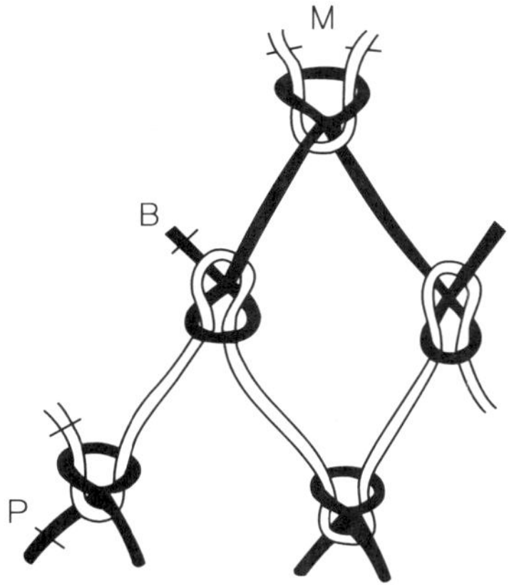

[그림1] 그물코의 절단 방법

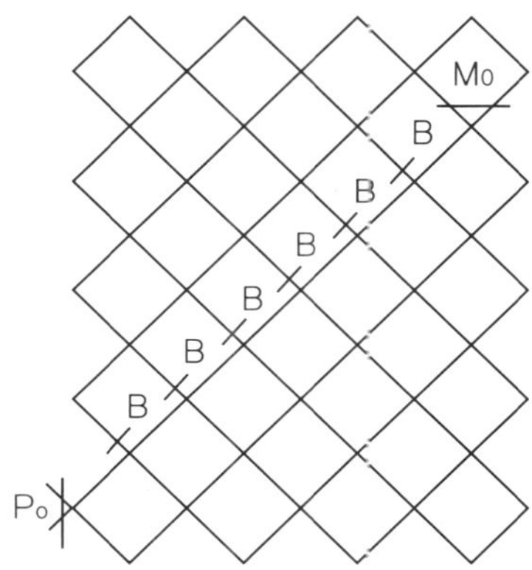

[그림2] B=2W-2의 설명도
(L=W=4코일 때)

사각형 그물감(길이 코수를 L, 가로 코수를 W라 한다.)을 한 모서리에서 Bar cut만 해나가면 결국 가로와 세로의 코수가 똑같은 삼각형 그물감 2장을 얻게 된다. 이때에 B의 총수는 P의 차에 관계없이 가로 코수의 2배에서 2개를 뺀 수와 같다. 즉, B = 2W-2

이 때에 그물감이 일정한 가로와 세로의 코수대로 재단되어있지 않았다면, 맨 처음과 맨 끝에 각각 M과 P가 1회는 있어야 한다. 이들을 Mo, Po로 표시한다. 그런데, B의 중간에 P를 *n*개 넣으면 P 1회마다 1코씩 세로 방향으로 진행되므로 세로 코수가 가로 코수보다 *n*코가 많아진다.

즉, L=W+P

∴ P=L−W

[그림3] L=W+P의 설명도
(L=6, W=4, P=2 일 때)

[예 1] 폭 6코, 길이 9코되는 삼각형 그물감 만들기.

[답] B=2W−2=2X6−2=10

P=9−6=3

$\therefore\ \frac{B}{P}=\frac{10}{3}=3$ 나머지 1

즉, P 1개마다 B를 3개씩 배치하면 B가 1개 남으니까 1곳에만 B 4개를 배치한다. 이것을 다음과 같이 표시하면 일목요연하다.

(1P · 3B)X2+(1P · 4BX1)

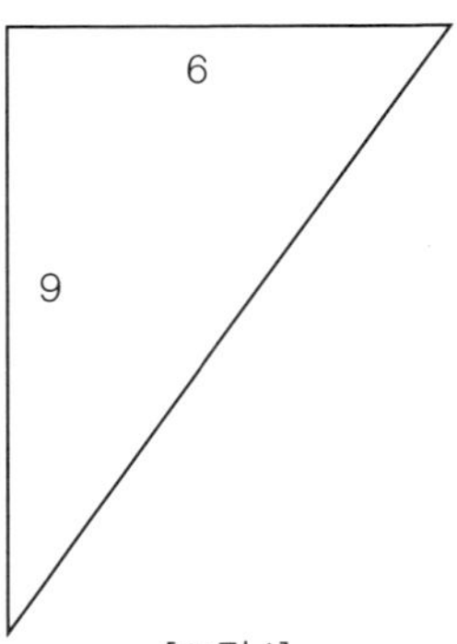

[그림4]

[예 2] 가로와 세로가 10코씩인 사각형 그물을 2등분하여 똑같은 삼각형을 2개 만들기.

[답] 가로와 세로가 지시되어 있으므로 L=W+P, P=L−W의 식에서 B와 P를 계산하여 이들을 고루 배치하여 자르면 된다.

한쪽을 10코 남겨 두고 B로만 끊어 나가면 다른 쪽은 가로와 세로가 8코씩인 삼각형이 되므로 2등분이 되지 않는다(그림에서 A선). 따라서, 가로와 세로가 9코씩인 삼각형으로 끊어야 한다(그림에서 B선).

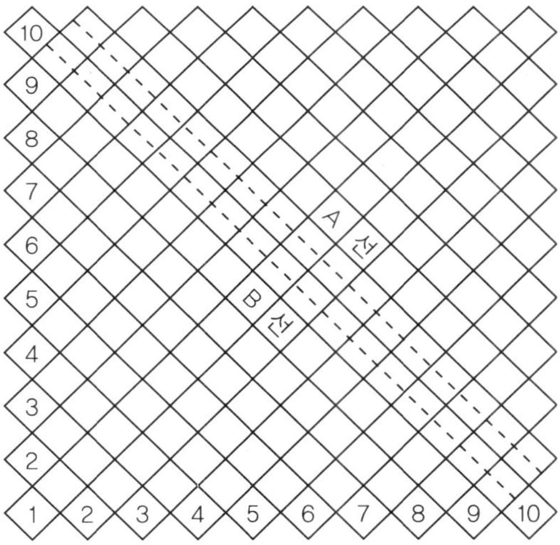

[그림 5] 사각 그물의 2등분법

[예 3] 가로 10코, 세로 20코인 사각형 그물감을 2등분하여 2개의 같은 삼각형 그물 만들기.

[답] 가로 9코, 세로 19코 되는 삼각형 그물감으로 된다.

B=2X9−2=16,

P=19−9=10

$\therefore \frac{B}{P}=\frac{16}{10}=1.5$ 나머지 1

즉, B, P, B, B, P로 끊어 나가다가 도중 1곳에만 B를 1개 더 넣고 끊어야 한다.

(2P · 3B)×4+(2P · 4B)x1

[예 4] 그림 6과 같은 사다리꼴 만들기.

[답] 중앙부는 가로 8코, 세로 30코인 직사각형 그물감이고, 양쪽에는 가로는 위가 6코, 아래가 1코, 그리고 세로는 똑같은 30코인 삼각형 그물감이 붙어 있다고 본다.

P=30−6=24

B=2×6−2=10

∴ (2P · 1B)×6+(3P · 1B)×4

양쪽의 삼각형 그물감의 가로 코수가 6코씩이므로, 중앙부의 10코 중 공통되는 가로 코수를 좌우에서 1코씩 뺀 8코짜리 직사각형 그물감으로 생각해야 한다.

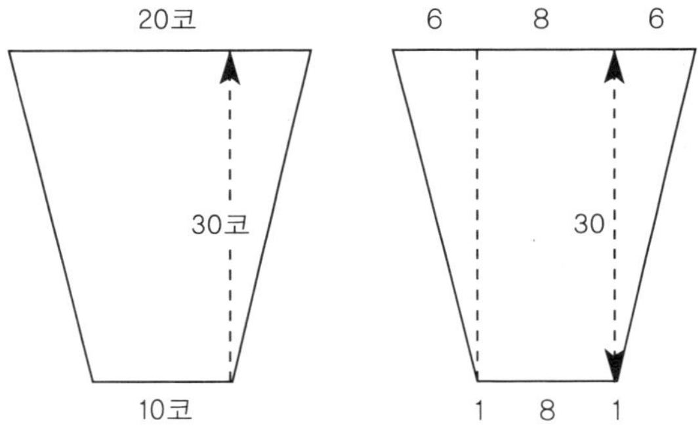

[그림6]

2. 그물감 사단 산출표

	1	2	3	4	5	6	7	8	9	10
1	297	494	691	888	1085	1282	1479	1678	1873	2070
2	198	296	394	429	590	688	786	884	982	1080
3	165	230	295	360	425	490	555	620	685	750
4	148	197	245	294	342	391	439	483	536	585
5	139	177	216	254	293	332	370	409	447	486
6	132	164	196	228	260	292	324	356	388	420
7	127	155	182	209	236	264	291	318	346	373
8	124	147	171	195	219	243	266	290	314	338
9	121	142	163	184	205	226	247	268	289	310
10	119	138	156	175	194	213	232	250	269	288

(그물감의 폭을 100으로 했을 때, 길이 코수를 나타낸다.)

표의 사용법

[예 1] 폭 100코, 길이 245코인 삼각형 그물감을 만들 때에, 사단 방법은 표의 245로부터 가로로 B4, 세로로 P3을 얻는다. 삼각형 그물감의 맨 처음과 맨 끝은 가능하면 B로 시작해서 B로 끝나면 좋겠으므로 B, P, B, P, B, P, B/B, P, B, P, B, P, B/…와 같이 자르면 된다.

[예 2] 폭 40코, 길이 104코인 삼각형 그물감을 만들 때의 사단 방법은, 표는 100코인 경우이므로, 40 : 100=104 : X, X=260에서 폭 100코, 길이 260코의 삼각형 그물감을 사단하는 경우와 똑같이 하면 된다. 260코를 표에서 구하면 P5, B6이므로 B, P, B, P, B, P, B, P, B, P, B/……의 차례로 끊으면 된다.

3. 그물감의 수리

수리 방법에는 본수선과 응급 수선의 두 가지 방법이 있다. 본수선은 가장 완전한 수선 방법인데, 찢긴 가장자리에서 각 매듭의 최상부의 것(수선 개시 때 수선사를 묶는 매듭)과 최하부의 것(수선 종료 때 최후의 매듭) 각 1개는 B로 만들고 다른 모든 매듭은 끝과 가장자리에서 P로 만들어 정리한다. 다음에 최초의 B에 수선사를 묶고 그물코를 떠나가다가 최후의 B로 끝난다.

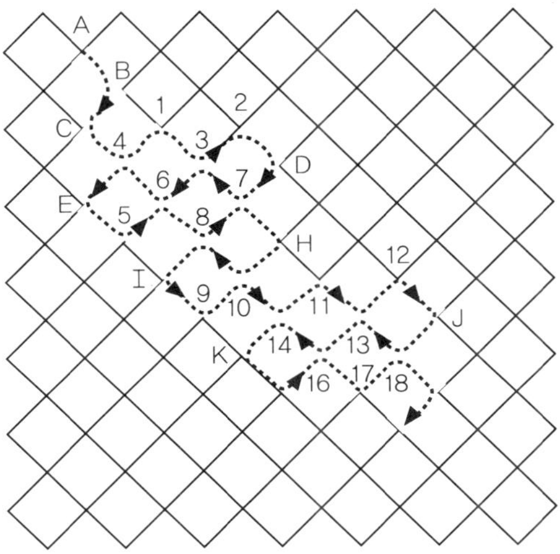

[그림 7] 본수선

[그림 7-8] A, M의 매듭은 B, 다른 것들은 P로 잘라낸다. 수선사는 A에서 시작되고 B, C, 1, 2, D, 3, 4, E·········17, 18, L로 나가다가 M에서 끝난다. 1, 2, 3, 4, 5······17,18은 보통의 매듭(참매듭, 막매듭), B, H, L 등은 수선사가 좌상에서 좌하로 가는 매듭, C, E, K 등은 우상에서 우하로가는 결절(매듭)

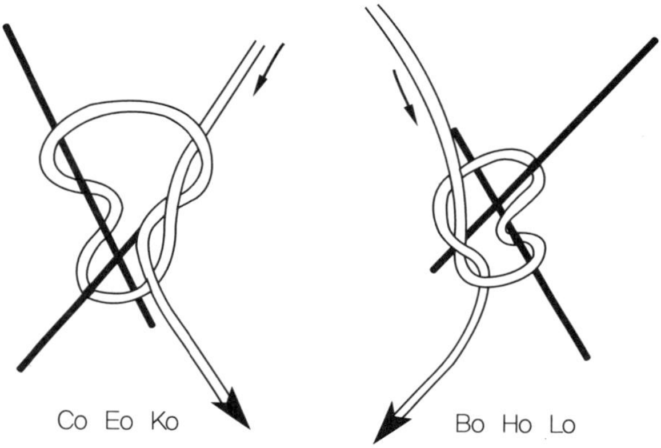

[그림 8] 본수선 요령

[그림 9-10]

수선사는 (1)2-D와 같이 좌하로부터 오고 우하로 간다.

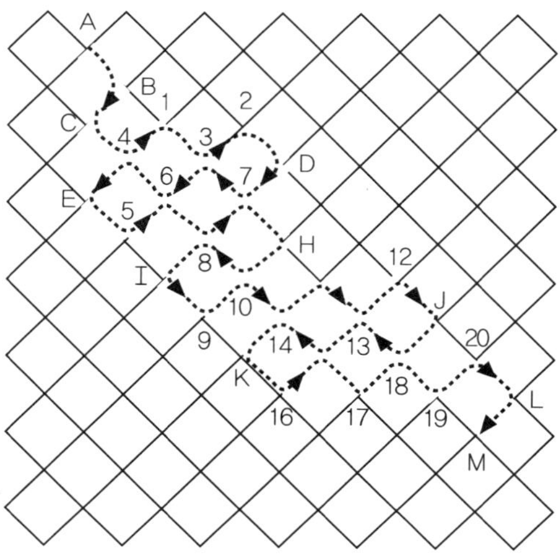

[그림 9] 응급 수선

(2)이 역으로 우하로부터 오고 좌하로 건넜다가 우하로 간다.
(3)E-5와 같이 우상으로부터 오고 우하로 건넜다가 우상으로 간다.
(4)이 역으로 좌상으로부터 오고 좌하로 건넜다가 좌상으로 간다.

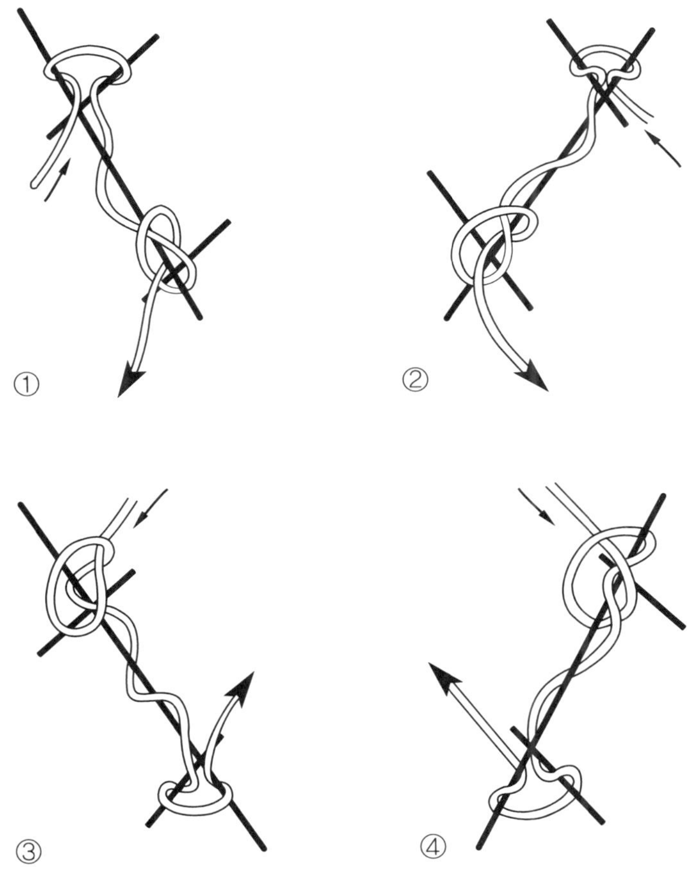

[그림 10] 응급 수선 요령

4. 기호(記號)와 약자(略字)
Abbreviations & Symbols

[A]

A	aft	선미(船尾)로, 후방으로
ab' m	abeam	정횡(正横)으로, 병항(並航) 하다
A.C.	alternating current	교류(交流)
A/C, A/Co	alter course	변침(變針)하다
A/C Paint	anticorrosive paint	방청도료(防錆塗料)
A.D.F.	automatic direction finder	자동방위 탐지기
A/E	apparentice engineer	실습기관사(實習機關士)
A/F paint	antifouling paint	방오도료(防汚塗料)
aft.	after	후방(後方)으로
age	lunar age	월령(月齡)
A.H.	alter heading	항수방향(向首方向)을 바꾸다
ah' d	ahead	전방(前方)으로
a.m., A.M.	ante meridian	오전(午前)
Amp.	amplitude	출몰방위각(出沒方位角)
A.M.S.L.	above mean sea level	평균수면상(平均水面上)
anch	anchorage	묘박지(錨泊地)
ann	annual change	연차(年差)
A/O	apprentice officer	실습항해사(實習航海士)
A. P.	after peak	선미(船尾)
App.	apparent	시(視) · 겉보기의
App.	apprentice	실습(實習)
approx.	approximate	약(約), 개위(概位)
A.P.T.	after peak tank	선미수조(船尾水禮)
Arch.	Archipelago	군도(群島)
arr	arrival	도착(到着)의

Asst.	Assistant	조수(助手)
ast.	astern	선미로, 후방으로
A.T.	apparent time	시시(視時)
Av.	average	평균(의) · 해손(海損)
⚓	anchor	닻(錨)
⚓ed	anchored	투묘(投錨)했다.
&	and	그리고, 및

[B]

B	Bay	만(灣), 후미
B	breadth	선폭(船幅)
b	fine(=blue sky)	맑음(快晴)
baro.	barometer	청우계(晴雨計)
be	fine cloudy	갬(半晴)
Bg, Brg.	bearing	방위(方位)
b.h.d.	bulkhead	격벽(隔壁)
B.H.,(B/H)	bill of health	건전증서(健全證書)
B.H.P.	brake horse power	제동마력(制動馬力)
Bk	Bank	사주(砂洲)
B/L	bill of lading	선하증권(船荷證券)
bl.	black	흑색의
B/N	boat note	화물수령증(貨物受領證)
B'n	Beacon	입표(立標) · 신호소(信號所)
bos' n	boatswain	갑판장(甲板長)
br.	brown	갈색의
br'ze	breeze	경풍(輕風) · 미풍(微風)
B.T.	ballast tank	밸러스트 탱크
B/T	boot top paint	수선용 선저도료 (水線用 船底塗料)
B.W.	break water	방파제(防波提)

B.W.E.	break water entrance	방파제 입구
b'y	buoy	부표(浮標)
b'y l't	buoy light	부표등(浮標燈)

[C]

C	cable	닻줄, 케이블(1/10마일)
C	cape	곶(岬)
C	centigrade	섭씨
C	compass	나침의(羅針儀)
C	cloudy	흐림(暴)
Capt	captain	선장(船長)
C.E.	chronometer error	크로노미터 오차(誤差)
C.E.	compass error	컴퍼스 오차
C/E	chief engineer	기관장(機關長)
C.G.	coast guard	연안 경비대(沿岸警備隊)
chro.	chronometer	크로노미터
chy	chimney	연돌(煙突)
cl	clerk	사무원(事務員)
CO.	company	회사(會社)
CO.	course	침로(針路)
c/o	chief officer	일등 항해사
com'ced	commenced	개시(開始)했다
comp.	compass	컴퍼스
consum.	consumption	소비(消費)
cor.	correction	수정(修正)
C/R	chief radio officer	통신장(通信長)
C.R.T.	cathode ray tube	브라운 관(管)
C/S	chief steward	사주장(司厨長)
C.S.T.	Central Standard Time	중앙표준시(中央標準時)
cub.	cubic	입방(立方)

[D]

D	day	날(日)
d	drizzling rain	이슬비
D.C.	direct current	직류(直流)
dec.	declinat on	적위(赤緯)
dep.	departure	동서거(東西距) · 출발(出發)
dev.	deviation	자차(自差)
dia.	diameter	직경(直徑)
dist.	distance	거리(距離)
d' k	deck	갑판(甲板)
do.	ditto	위와 같이, 동상(同上)
D.R.	dead reckoning	추측(推測)의
Dr.	doctor	의사(醫師)
D.T.	deep tank	심수조(深水槽)
D/W.D.W.	dead weight	재화중량(載貨重量)

[E]

E	east	동(東)
E	error	오차(誤差)
E.D.	existence doubtfull	존재(存在)가 의심스럽다
E' ly	easterly	동쪽의
E.H.P.	effective horse power	유효마력(有效馬力)
eng.	engine	기관(機關)
E.P.	estimated position	추정위치(推定位置)
e' r	error	오차
E.T.A.	estimated time of arrival	입항예정시각
etc.	et cetera	등(等)
E.T.D.	estimated time of departure	출항 예정시각
ev.	every	매(每)

[F]

F.	Fahrenheit	화씨
f.	fore	선수(船首) · 전부(前部)
f.	full	전속(全速)
f.	fog(foggy weather)	안개(霧)
f.	fine	가는
F&A	fore and aft	선수미(船首尾)
F' castle	forecastle	선수루(船首樓)
F/H	Full ahead	전진전속(前進全速)
f' ms	fathoms	패덤
F.O.	fuel oil	연료유(燃料油)
F.P.T.	fore peak tank	선수수조(船首水槽)
F/S	full astern	후진전속(後進全速)
f' t	feet	피트
F/W eng.	finished with engine	기관종료(機關終了)
F.W.T.	fresh water tank	청수조(淸水槽)
f' wd	forward	전방(前方)으로
1/E	first engineer	일등 기관사
1/0	first officer	일등 항해사
4/0	fourth officer	사등 항해사

[G]

G.M.T.	Greenwich mean time	그리니치 평시(平時)
g.	gravel	자갈(砂礫)
gr.	gramme	그람
G.T.	gross tonnage	총톤수(總順數)

[H]

H.	half	반속(半速)
H.	hour	시간
H.	house	집(家)
h	hail	우박(雹)
H/A	half ahead	전진반속(前進半速)
H' d	head	곶(岬)
H/H	half ahead	전진반속
H.P.	horse power	마력(馬力)
Hr.	harbour	항(港)
H/S	half astern	후진반속(後進半速)
H.W.	high water	고조(高潮)

[I]

I., I'd	island	섬(島)
I' ds	islands	제도(諸島) · 군도(群島)
I.H.P.	indicated horse power	도시마력(圖示馬力)
in.,"	inch	인치

[J]

J.,j	Junior	하급(下級)의, 하위(下位)의

[K]

K.	Kilometer	킬로미터
K.R.	Korea register of shipping	한국 선급협회(船級協會)

K.S.T.	Korean standard time	한국 표준시(標準時)
k' t	knot	노트

[L]

L.	longitude	경도(經度)
l.	length	길이
l.	lightning	번개(電光)
l.	local	지방(地方)의
l.	lower	하방(下方)의
L.A.T.	local apparent time	지방시시(地方視時)
lat.	latitude	위도(緯度)
L.H.	lower hold	하부창(下部舱)
L.M.T.	local mean time	지방평시(地方平時)
L.O.	lubricating oil	윤활유(潤滑油)
L.O.A.	length over all	전장(全長)
L.P.G.	liquefied petroleum gas	액화석유(液化石油)가스
L.PP	length between perpendicular	수선간장(垂線間長)
L.R.	Lloyd' s register of shipping	로이드 선급협회(船級協會)
L.S.S.	life saving station	해난구제소(海難救濟所)
L.S.T.	local standard time	지방표준시(地方標準時)
L' t	light	등화(燈火)
L' t B' n	light beacon	등표(燈標)
L' t B' y	light buoy	등부표(燈浮標)
L' t H., L' t H° L.H., ⌂	light house	등대(燈台)
L.T.d' k	lower-tween deck	하부 중갑판(下部中甲板)
L' t ves.	light vessel	등선(燈船)
L.W.	low water	저조(低潮)
L.W.L.	load water line	만재 흘수선(滿載吃水線)

[M]

M	mean	평균(平均)
M	meter	미터
M	mile	마일
M	minute	분(分)
M.	mud	뻘(泥)
m	mist	실안개
mag.	magnetic	자기(磁氣)의
max.	maximum	최대(最大)
M.Co.	magnetic course	자침로(磁針路)
meri.	meridian	자오선(子午線)
mid.	middle	중간(中間)
min.	minimum	최소(最小)
min.	minute	분(分)
M.N.	midnight	밤 12시, 야반(夜半)
mod.	moderate	온화(穩和)한
M/R	mate receipt	항해사 화물 수령증 (航海士貨物受領證)
M.S.	motor ship	기선(機船)
M.T.	mean time	평시(平時)
M’t	mount	산(山)
M.V.	motor vessel	기선(機船)
☾	moon	달(月)

[N]

N	north	북(北)
N’ly	notherly	북쪽의
N.H.P.	normal horse power	연속 최대마력(連續最大馬力)
NO.(No,#)	number	번호 · 수

N.T.	net tonnage	순톤수(純觸數)
N.V.	Det Norske Veritas	노르웨이 선급협회

[O]

obs' d	observed	관측(觀測)한
o' cast	overcast	음침한
off.(O.)	officer	사관(士官)

[P]

P.	position	위치(位置)
p	passing shower	소나기
Pass.	passage	수로(水路), 항로(航路)
p' d	passed	통과(通過)했다
Pen.	Peninsular	반도(半島)
P' k	peak	봉(峰)
P.L.	position line	위치(位置)의 선(線)
P. og	Patent log	예항 측정기(曳航測程器)
p.m.	post meridiem	오후(午後)
P.P.I.	plan position indicator	도식 위치 지시기 (圖式位置指示器)
P.P.S.	pulse per second	펄스 매초(每秒)
p' t	point	점(點) · 지점(地點)

[Q]

Q	Quarantine	검역(檢疫)
q	squall	스콜

Q' Master	Quartermaster	조타원(操舵員)
Q' Station	Quarantine station	검역소(檢疫所)

[R]

R.	river	강(江)
R.	radio	무선(無線)
R.	rock	바위(岩)
r	rain	비(雨)
rad.	radius	반경(半徑)
R.B' n	radio beacon	라디오 비이컨
R.C.	circular radio-beacon station	무지향식 무선 표지국(無指向式無線標識局)
R.D.	directional radio-beacon station	지향식 무선 표지국(指向式無線標識局)
rec' d	received	수령(受領)했다
res' d	resumed	개재(再閱)했다
rev.	revolution	회전(回轉)
R' f	reef	암초(暗礁)
R.G.	radio gonio station	무선방향 탐지국(無線方向探知局)
R.P.M.	revolution per minute	매분 회전수(每分回轉數)
R/up	ring up, rung up	원속지속(原速持續)

[S]

S.	sand	모래(砂)
S.	slow	미속(微速)
S.	senior	상위(上位)의, 상급(上級)의
S.	south	남(南)

s	snow	눈(雲)
S.A.T.	ship's apparent time	선내시시(船内視時)
S/B	stand by	준비하라
S/Co.	set course	정침(定針)하다
sec.	second	초(秒), 제2의
S/H	slow ahead	전진미속(前進微速)
S.H.P.	shaft horse power	축마력(軸馬力)
sig.	signal	신호(信號)
s'l	sail	돛(帆)
S/log	set log	로그를 준비하라
S'ly	southerly	남(南의)
S.M.T.	ship's mean time	선내평시(船内平時)
S/O	shipping order	선적지시서(船積指示書)
sp'd	speed	속력(速力)
sq.	square	평방(平方)
S.S.	steam ship	기선(汽船)
Ss	shackles	섀클, 절(節)
S/S	slow astern	후진미속(後進微速)
S.sig.	storm signal.	폭풍표지(暴風標識)
St.	stone	돌(石)
star'd	starboard	우현(右舷)
stop'd	stopped	중지(中止)했다
str.	strait	해협(海峽)
S.W.L.	safety working load	안전하중(安全荷重)
2/0	second officer	이등 항해사
2/E	second engineer	이등 기관사
2/R	second radio officer	이등 통신사
2/W	second wireless officer	이등 통신사
◉	sun	태양(太陽)
☆	star	별(星)
S.V	steam vessel	기선(汽船)

[T]

T.	time	시(時)
T.	ton	톤
temp.	temperature	온도(溫度)
temp.	temporary	임시의
temp' ly	temporarily	임시로
T' Gallant	Top gallant	톱 갤런트
Tr	tower	탑(塔)
T.S.	test strength	시험력(試驗力)
T.S.	training ship	연습선(練習船)
3/O	third officer	삼등 항해사
3/E	third engineer	삼등 기관사
3/R	third radio officer	삼등 통신사
3/W	third wireless officer	삼등 통신사

[U]

U.	upper	상부(上部)의
u	gly weather	험악(險惡)한 날씨
U.T.	universal time	세계시(世界時)
U.T. d' k	upper tween deck	상부 중갑판(上部中甲板)
U.S.C.G	United States Coast Guard	미국 연안 경비대

[V]

v.	very	매우
var.	variation	편차(偏差)
var.	various	여러가지
var' ly	variously	여러 가지로

[W]

W.	west	서(西)
W.	watt	와트
w.	dew	이슬(露)
W'ly	westerly	서의
Wr	weather	날씨
w/	with	와 함께, 와 같이, 으로서
w/o	wireless operator	통신사(通信士)

[Y]

yd	yard	야드

[Z]

Z.T.	zone time	경대시(經帶時)

5. 세계 각국의 국경일과 축제일

※뒷면 축제일 설명 참조

Country (국 명)	Month (월)	Day (일)	축제일의 내용
Canada (캐나다)	1	1	New Year's Day (신정)
	*		Good Friday (성 금요일, 예수 수난일)
	*		Easter Monday (이스터먼데이)
	1st Mon, preceding May 25 (5월 25일 또는 그 직전의 월요일)		Victoria Day(= Empire Day) (빅토리아 여왕 탄생일)
	6	2	Coronation Day (대관 기념일)
	Thurs in early June (6월 상순의 목요일)		Queen's Birthday (여왕 탄생일)
	7	1	Dominion Day (건국 기념일)
	8	1st Mon. (제1월요일)	Civic Holiday (시빅 홀리데이)
	9	7	Labor Day (노동절)
	10	2nd Mon. (제2월요일)	Thanksgiving Day (추수 감사절)
	11	11	Remembrance Day (휴전 기념일)
	12	25	Christmas Day (성탄절)
Denmark (덴마크)	1	1	New Year's Day (신정)
	3	11	King's Birthday (국왕 탄생일)
	*		Easter Holidays (부활제 제행사)
	5	5	Liberation Day (자유제)
	6	23	Midsummer Night (하지제)
	12	25	Christmas Day (성탄절)
France (프랑스)	1	1	New Year's Day (신정)
	*		Easter Monday (이스터 먼데이)
	5	1	Labor Day (노동절)
	*		Ascension Day (승천제)
	*		Whit Monday (휘트 먼데이)
	7	14	Bastille Day (혁명 기념일)
	8	15	Assumption (성모 피승천)
	11	1	All Saints Day (만성절)
	11	11	Armistice Day (휴전 기념일)
	12	25	Christmas Day (성탄절)

Country (국 명)	Month (월)	Day (일)	축제일의 내용
England and Wales (잉글랜드 및 웨일즈)	1	1	New Year's Day (신정)
	*		Good Friday (성 금요일)
	*		Easter Monday (이스터 먼데이)
	8	1st Mon. (제1월요일)	Bank Holiday (뱅크 홀리데이)
	12	25	Christmas Day (성탄절)
	12	26	Boxing Day (박싱 데이)
	(주 : 6월 초순의 목요일을 해마다 여왕 탄생일로서 공지한다. 다만 은행과 관청은 휴무하지 않는다)		
Germany (독일)	1	1	New Year's Day (신정)
	*		Good Friday (성 금요일)
	*		Easter Monday (이스터 먼데이)
	*		Ascension Day (승천제)
	*		Whitsuntide (성령 강림절)
	5	1	Labor Day (노동절)
	11	1	All Souls' Day (만령절)
	12	25	Christmas Day (성탄절)
	12	26	St. Stephen's Day (성 스테펜의 날)
HongKong (홍콩)	1	1	New Year's Day (신정)
	1~2		Chinese New Year (구정)
	*		Good Friday (성 금요일)
	*		Easter Monday (이스터 먼데이)
	*		Whit Monday (휘트 먼데이)
	6		Queen's Birthday (여왕 탄생일)
	7	1st week day (최초의 평일)	Summer Holiday (여름 휴가)
	7	30	Liberation Day (자유제)
	9		Chinese Midautum Festival (추석)
	10	10	Foundation of the Republic of China (쌍십절)
	12	25	Christmas Day (성탄절)
	12	26	The following day of Christmas (성탄절의 다음날)

Country (국 명)	Month (월)	Day (일)	축제일의 내용
India(1) (인도)	Government of India (인도 정부)		
	1	1	New Year's Day (신정)
	1	26	Republic Day (공화국 기념일)
	*		Good Friday (성 금요일)
	10	2	Mahatma Gandhi's Birthday (간디 탄생일)
	11	10	Guru Nanak's Birthday (구루 나나크 탄생일)
	12	25	Christmas Day (성탄절)
India(2)	West Bengal (Calcutta) (서 뱅갈) (캘커타)		
	1	1	New Year's Day (신정)
	1	23	Netaj's Birthday (네타지 탄생일)
	1	26	Republic Day (공화국 기념일)
	*		Good Friday (성 금요일)
	*		Holy Saturday (성 토요일)
	6	30	Half-yearly closing of Banks Accounts (은행 반기 결산일)
	10	2	Mahatma Gandhi's Birthday (간디 탄생일)
	12	25	Christmas Day (성탄절)
Indonesia (인도네시아)	1	1	New Year's Day (신정)
	1	15	Ascension of Mohammed (모하메드 승천제)
	3	5	Revelation of Holy Scripture (경전 계시제)
	3	18~19	Bairam (바람제)
	*		Good Friday (성 금요일)
	*		Easter Monday (이스터 먼데이)
	5	1	May Day (메이 데이)
	*		Ascension Day (승천제)
	*		Whitsunday (성령 강림제)
	5	25	Hegira (헤지라의 날)
	6	14	New Year of Mohammed (회교 신정)
	8	17	Independence Day (독립 기념일)
	8	24	Birthday of Mohammed (모하메드 탄생일)
	12	25	Christmas Day (성탄절)

Country (국 명)	Month (월)	Day (일)	축제일의 내용
Italy (이탈리아)	1	1	New Year's Day (신정)
	1	6	Epiphany (주현제)
	3	19	St. Joseph's Day (성 조세프제)
	*		Easter Monday (이스터 먼데이)
	4	25	Liberation Day (자유제)
	5	1	Labor Day (노동절)
	*		Ascension Day (승천제)
	*		Corpus Domini-Day(기독 성체절)
	6	2	Feast of the Republic (공화국 선언 기념일)
	6	29	Feast of St. Peter and Paul (성 피터, 성 폴제)
	8	15	Assumption (성모 피승천)
	11	1	All Saints' Day (만성절)
	11	4	National Unity Day (휴전 기념일)
	12	8	Immaculate Conception (무원죄 회태제)
	12	25	Christmas Day (성탄절)
	12	26	St. Stephen's Day (성 스테판의 날)
Japan (일본)	1	1	New Year's Day (신정)
	1	15	Adults' Day (성인의 날)
	3	21(20)	Vernal Equinox Day (준분)
	4	29	Emperor's Birthday (천황 탄생 일)
	5	3	Constitution Memorial Day (헌법 기념일)
			Children's Day (어린이날)
	9	24(23)	Autumnal Equinox Day (추분)
	11	3	Culture Day (문화의 날)
	11	23	Labor Thanksgiving Day (근로 감사의 날)
Pakistan (파키스탄)	1	1	New Year's Day (신정)
	*		Good Friday (성 금요일)
	6	30	Bank Holiday (뱅크 홀리데이)
	8	14	Pakistan Day (파키스탄의 날)
	9	11	Quaid-i-Azam's Death Anniversary (퀘이디아잠제)
	12	25	Christmas Day (성탄절)

Country (국 명)	Month (월)	Day (일)	축제일의 내용
Philipines (필리핀)	1	1	New Year's Day (신정)
	*		Good Friday (성 금요일)
	*		Easter Monday (이스터 먼데이)
	5	1	Labor Day (노동절)
	6	19	Rizal Centennial Day (리잘 백년제)
	7	4	Independence Day (독립 기념일)
	7	30	National Heroes' Day (국민 영웅제)
	12	25	Christmas Day (성탄절)
	12	30	Rizal Day (리잘 데이)
Singapore (싱가포르)	1	1	New Year's Day (신정)
	1~2		Chinese New Year (구정)
	*		Easter Monday (이스터 먼데이)
	6		Queen's Birthday (여왕 탄생일)
	8		Bank Holiday (뱅크 홀리데이)
	11		Prophet Mohammed's Birthday(예언자 모하메드 탄생일)
	12	25	Christmas Day (성탄절)
	12	26	The following day of Christmas (성탄절 다음 날)
Sweden (스웨덴)	1	1	New Year's Day (신정)
	1	6	Twelfth Night (주현절 전야제)
	3	25	Lady Day (레이디 데이)
	*		Good Friday (성 금요일)
	*		Easter Monday (이스터 먼데이)
	5	1	Spring Festival (봄의 축제)
	*		Ascension Day (승천제)
	*		Whit Monday (휘트 먼데이)
	6	6	Flag Day (국기의 날)
	Sat. nearest June 24 (6월 24일에 가장 가까운 토요일)		Midsummer Day (하지제)
	12	25	Christmas Day (성탄절)
	12	26	St. Stephen's Day (성 스테판의 날)
	(주 : 11월 11일의 국왕 탄생일에는 은행과 관청은 휴무하지 않는다)		

Country (국 명)	Month (월)	Day (일)	축제일의 내용
Switzerland (스위스)	1	1	New Year's Day (신정)
	*		Good Friday (성 금요일)
	*		Corpus Christi (기독 성체절)
	*		Easter Monday (이스터 먼데이)
	*		Ascension Day (승천제)
	*		Whit Monday (휘트 먼데이)
	8	1	Independence Day (독립 기념일)
	12	25	Christmas Day (성탄절)
Taiwan (자유 중국)	1	1	New Year's Day (신정 · 중화민국 성립 기념일)
	1~2		Chinese New Year (구정)
	3	29	Adult Day (성인의 날)
	9	28	Birthday of Confucius (공자 탄생일, 스승의 날)
	10	10	National Holiday (쌍십절)
	11	12	Birthday of Sun-Wen (국부 탄생일)
Thailand (태국)	1	1	New Year's Day (신정)
	2		Makha Buja (만불절)
	4	6	Chakri Day (현왕조 창설일)
	4	13	Songkran (송크란)
	5	5	Coronation Day (대관 기념일)
	5		Wisakha Buja (석가 탄신일)
	7		Bud'dhist Lent (단식일)
	8	12	Queen's Birthday (왕비 탄생일)
	10	23	Chulalongkorn Day(출랄롱 대왕제)
	12	5	King's Birthday (국왕 탄생일)
	12	10	Constitution Day (헌법 기념일)

Country (국 명)	Month (월)	Day (일)	축제일의 내용
Egypt (이집트)	2	22	Memorial Day of National Union (아랍 연합국 기념일)
	3	17~20	Lesser Bairam (소 바이람)
	4	10	Opening of Spring (춘분)
	5	24~28	Great Bairam (대 바이람)
	6		New Year of Arab Calendar (아랍 달력의 신정)
	6	18	Evacuation of British Forces (영국군 철퇴 기념일)
	7	23	Nasel's Revolution (나셀 혁명 기념일)
	8	23	Prophet Mohammed's Birthday (모하메드 탄생일)
U. S. A. (미국)	1	1	New Year's Day (신정)
	2	12	Lincoln's Birthday (링컨 탄생일)
	2	22	Washington's Birthday (워싱턴 탄생일)
	5	30	Memorial Day (현충일)
	7	4	Independence Day (독립 기념일)
	9	1st Mon. (제1월요일)	Labor Day (노동절)
	10	12	Columbus Day (컬럼버스 데이)
	11	Tues. after 1st Mon. (제1월요일 후의 월요일)	Election Day (대통령 선거일)
	11	11	Veterans' Day (휴전 기념일)
	11	4th Thurs. (제4목요일)	Thanksgiving Day (추수 감사절)
	12	25	Christmas Day (성탄절)

축제일 설명
(National Holidays Memo)

Easter (부활절)	부활절은 춘분(3월 21일) 또는 그 이후의 만월 뒤 첫 일요일이고, 만월이 일요일에 해당되면 다음 일요일이다. 월일이 이동하는 제일은 거의가 부활절을 기준하여 기산한다.
Ascension Day (승천제)	부활절 후 40 일째
Corpus Christi(기독 성체절)	트리니티 일요일(삼위일체 축일) 후의 목요일
Easter Monday(이스터 먼데이)	부활절 다음 날
Good Friday(성 금요일)	부활절 전의 금요일
Holy Saturday(성 토요일)	부활절 전의 토요일
Whitsunday(성령 강림제)	부활절 후 제7의 일요일
Whit Monday(휘트 먼데이)	성령 강림제의 다음 날
Whitsuntide(성령 강림절)	성령 강림제로부터 1 주간

6. 상용단위 환산표

尺 度 (길이)

밀리미터	센티미터	미터	킬로미터	인치	피트	英야드	체인	마일	分	寸	尺	間	町	里
1	0.1	0.001	......	0.03937	0.00328	0.00109	0.00005	......	0.33	0.033	0.0033	0.00055	......	......
10	1	0.01	0.00001	0.39370	0.03281	0.01094	0.00050	......	3.3	0.33	0.033	0.0055	0.00009	......
1000	100	1	0.001	39.3701	3.28084	1.09361	0.04971	0.00062	330	33	3.3	0.55	0.00917	0.00025
1000000	100000	1000	1	39370.1	3280.84	1093.61	49.7097	0.62137	330000	33000	3300	550	9.16667	0.25463
25.40	2.540	0.02540	0.00003	1	0.08333	0.02778	0.00126	0.00002	8.3820	0.83820	0.08382	0.01397	0.00023	0.00001
304.79	30.479	0.30479	0.00030	12	1	0.33333	0.01515	0.00019	100.584	10.0584	1.00584	0.16764	0.00279	0.00008
914.38	91.438	0.91438	0.00091	36	3	1	0.04545	0.00057	301.752	30.1752	3.01752	0.50292	0.00838	0.00023
20116.8	2011.68	20.1168	0.02012	792	66	22	1	0.01250	6638.54	663.854	66.3854	11.0642	0.18440	0.00512
1609340	160934	1609.34	1.60934	63360	5280	1760	80	1	531084	53108.4	5310.84	885.139	14.7523	0.40979
3.03030	0.30303	0.00303	......	0.11930	0.00994	0.00331	0.00015	......	1	0.1	0.01	0.00167	0.00003	......
30.3030	3.03030	0.03030	0.00003	1.19303	0.09942	0.03314	0.00151	0.00002	10	1	0.1	0.01667	0.00028	0.00001
303.030	30.3030	0.30303	0.00030	11.9303	0.99419	0.33140	0.01506	0.00019	100	10	1	0.16667	0.00278	0.00008
1818.18	181.818	1.81818	0.00182	71.5820	5.96516	1.98839	0.09038	0.00113	600	60	6	1	0.01667	0.00046
109091	10909.1	109.091	0.10909	4294.92	357.910	119.303	0.42288	0.06779	36000	3600	360	60	1	0.02778
3927270	392727	3927.27	3.92727	......	12884.8	4294.92	195.224	2.44029	1296000	129600	12960	2160	36	1

面 度 (넓이)

平方 센티미터	平方 미터	平方 킬로미터	아르	平方 인치	平方 피트	平方 야드	平方 마일	에이커	平方尺	步	畝 묘	反	町	平方 里
1	0.0001	……	……	0.15500	0.00108	0.00012	……	……	0.00109	0.00003	……	……	……	……
10000	1	……	0.01	1550.00	10.7639	1.19599	……	0.00025	10.8900	0.30250	0.01010	0.00101	0.00010	……
……	1000000	1	10000	……	……	……	0.38610	247.106	……	302500	10083.3	1008.33	100.833	0.06484
1000000	100	0.0001	1	155000	1076.39	119.599	0.00004	0.02471	1089	30.2500	1.00833	0.10083	0.01008	……
6.4516	0.00065	……	……	1	0.00694	0.00077	……	……	0.00703	0.00020	0.00001	……	……	……
929.030	0.09290	……	0.00093	144	1	0.11111	……	0.00002	1.01171	0.02810	0.00094	0.00009	0.00001	……
8361.27	0.83613	……	0.00836	1296	9	1	……	0.00021	9.10543	0.25293	0.00843	0.00084	0.00008	……
……	……	2.58999	25899.9	……	……	……	1	640	……	783471	26115.7	2611.57	261.157	0.16972
……	4046.85	0.00405	40.4685	……	43560	4840	0.00156	1	44070.0	1224.17	40.8056	4.08056	0.40806	0.00026
918.274	0.09183	……	0.00092	142.333	0.98842	0.10983	……	0.00002	1	0.02778	0.00093	0.00009	0.00001	……
33057.9	3.30579	……	0.03306	5123.98	35.5832	3.95372	……	0.00082	36	1	0.03333	0.00333	0.00033	……
991735	99.1735	0.00010	0.99174	153719	1067.50	118.612	……	0.02451	1080	30	1	0.1	0.01	……
……	991.735	0.00099	9.91735	……	10675.0	1186.12	0.00038	0.24507	10800	300	10	1	0.1	0.00006
……	9917.35	0.00992	99.1735	……	106750	11861.2	0.00383	2.45066	108000	3000	100	10	1	0.00064
……	……	15.4235	154235	……	……	……	5.95504	3811.22	……	4665600	155520	15552	1555.2	1

容 積 (부피)

立方 센티미터	立方 미터	리터	갤론 (미국)	쿼트 (미국)	파인트 (미국)	立方 인치	立方 피트	立方 야드	갤론 (영국)	배럴	合	丹
1	0.000001	0.001	0.00026	0.00106	0.00212	0.06102	0.00004	……	0.00022	……	0.00554	0.00055
1000000	1	1000	264.171	1056.7	2113.4	61023.7	35.3147	1.30795	219.963	6.28978	5543.52	554.352
1000	0.001	1	0.26417	1.0567	2.1134	61.0237	0.03532	0.00131	0.21996	0.00629	5.54352	0.55435
3785.43	0.00379	3.78543	1	4.0000	8.0001	231.001	0.13368	0.00495	0.83263	0.238095	20.9847	2.09847
946.30	0.00094	0.9463	0.25000	1	2	……	0.03342	……	0.20816	0.0059524	……	……
473.20	0.00047	0.4732	0.12500	0.5	1	……	0.01671	……	0.10408	0.0029762	……	……
16.3871	0.00002	0.01639	0.00433	……	……	1	0.00058	0.00002	0.00361	0.000103	0.09084	0.00908
28316.9	0.02832	28.3169	7.48051	29.922	59.844	1728	1	0.03704	6.22883	0.178107	156.975	15.6975
764556	0.76455	764.556	201.973	807.89	1615.78	46656	27	1	168.179	4.80884	4238.35	423.835
4545.96	0.00455	4.54596	1.20091	4.8036	9.6073	277.413	0.16054	0.00595	1	0.285938	25.2014	2.52014
158938	0.158938	158.938	42	168	336	9702.00	5.61460	0.207950	34.9726	1	881.3227	88.13227
180.391	0.00018	0.18039	0.04765	0.19060	0.3812	11.0081	0.00637	0.00024	0.039725	0.00113	1	0.1
1803.91	0.00180	1.80391	0.47654	1.9060	3.8120	110.081	0.06370	0.00236	0.397251	0.01134	10	1

重量 (무게)

캐러트	밀리그램	그램	킬로그램	톤 (metric ton)	그레인	온스	파운드	英톤 (long ton)	U.S톤 (short ton)	分	돈	관	근
1	200	0.2	0.0002	……	3.08642	0.00705	0.00044	……	……	0.53333	0.05333	0.00005	0.00033
0.005	1	0.001	……	……	0.01543	0.00004	……	……	……	0.00267	0.00027	……	……
5	1000	1	0.001	……	15.4321	0.03527	0.00220	……	……	2.66667	0.26667	0.00027	0.00167
5000	1000000	1000	1	0.001	15432.1	35.2734	2.20459	0.00098	0.00110	2666.67	266.667	0.26667	1.66667
5000000	……	1000000	1000	1	……	35273.4	2204.59	0.98419	1.10229	……	266667	266.667	1666.67
0.32425	64.8	0.0648	0.00007	……	1	0.00229	0.00014	……	……	0.17280	0.01728	0.00002	0.00011
141.750	28350	28.3495	0.02835	0.00003	437.5	1	0.0625	0.000027	0.000031	75.6000	7.56000	0.00756	0.04725
2268	453592	453.592	0.45359	0.00045	7000	16	1	0.00045	0.00050	1209.63	120.963	0.12096	0.75559
……	……	……	1016.06	1.01606	……	35840	2240	1	1.12	……	270946	270.946	1693.44
……	……	……	907.185	0.90719	……	32000	2000	0.89286	1	……	241920	241.920	1511.97
1.875	375	0.375	0.00038	……	5.78704	0.01323	0.00083	……	……	1	0.1	0.0001	0.00063
18.75	3750	3.75	0.00375	……	57.8704	0.13228	0.00827	……	……	10	1	0.001	0.00625
18750	……	3750	3.75	0.00375	57870.4	132.275	8.26720	0.00369	0.00413	10000	1000	1	6.25
3000	600000	600	0.6	0.0006	9259.26	21.1640	1.32275	0.00059	0.00066	1600	160	0.16	1

일 및 熱量 (열량)

Joub (絶 對)	Kg · m	Ft · lb	Kw · hr	HP · hr (HP = 746 watt)	Kcal.	B. t.u .
1	0.1020	0.7376	0.00000028	0.00000038	0.0002389	0.000948
9.807	1	7.233	0.0000027	0.0000035	0.002343	0.009297
1.356	0.1383	1	0.00000038	0.00000050	0.0003239	0.001285
3600000	367100	2655000	1	1.3405	860.0	3413
2686000	273900	1981000	0.746	1	641.6	2546
4186	426.9	3087	0.001163	0.001559	1	3.968
1055	107.6	778.0	0.000293	0.0003928	0.2520	1

Kcal 및 B.t.u는 온도지정에 따라 다르나 모두 평균치(0~100 °C)를 채용했다.
1HP = 746와트(한국 · 일본) = 745.7와트(영 · 미) = 735.5와트(프)
1절대주울 = 10^7에르그, 1국제주울 = 1,00032절대주율

壓 力 (압력)

바 르	Kg / cm²	lb / in²	atm. (氣 壓)	水 銀 柱 (0℃)		水 柱 (4℃)	
				미 터	인 치	미 터	인 치
1	1.01971	14.50	0.9869	0.7501	29.53	10.197	401.52
0.9807	1	14.22	0.9678	0.7356	28.96	10.000	393.72
0.06895	0.07031	1	0.06805	0.05171	2.036	0.7031	27.684
1.0133	1.0332	14.70	1	0.760	29.92	10.33	406.8
1.3332	1.3595	19.34	1.3158	1	39.37	13.60	535.2
0.03386	0.03453	0.4912	0.03342	0.02540	1	0.3453	13.596
0.09806	0.10000	1.422	0.09678	0.07355	2.896	1	39.372
0.00249	0.00254	0.0361	0.00246	0.00187	0.0735	0.0254	1

動　力(工率) (동력)

PS(佛마력)	HP(英마력)	Kw	Kg·m/s	Ft·lb/s	Kcal/s	B.t.u/s
1	0.9859	0.7355	75	542.5	0.1757	0.6973
1.0143	1	0.746	76.07	550.2	0.1782	0.7072
1.3596	1.3405	1	101.97	737.6	0.2389	0.9480
0.01333	0.01315	0.009807	1	7.233	0.002343	0.009297
0.001843	0.001817	0.001356	0.1383	1	0.000324	0.001285
5.691	5.611	4.186	426.9	3087	1	3.968
1.434	1.414	1.055	107.6	778.0	0.2520	1

Kcal, B.t.u. 양쪽은 0℃~100℃, 32°~212 °F의 평균치를 사용했다.
1절대주율 / 초(absolute joule / sec)를 1와트(watt, W.)로 정한다.

온 도 대 조 표

환산식 $℃=\frac{5}{9} \times (°F-32)$, $°F=(\frac{9}{5} \times ℃+32)$

사용법 중앙란에 환산할 온도를 구하고, 섭씨를 화씨로 환산하려면 → 오른쪽,
화씨를 섭씨로 환산하려면 ← 왼쪽의 숫자로 본다.
보기 : 50℃는 122.0°F, 50°F는 10.0℃

℃→°F ℃←°F			℃→°F ℃←°F			℃→°F ℃←°F		
-240	-400	……	-12.2	10	50.0	37.8	100	212.0
-212.2	-350	……	-11.1	12	53.6	38.9	102	215.6
-184.4	-300	……	-10.0	14	57.2	40.0	104	219.2
-156.7	-250	-418	-8.9	16	60.8	41.1	106	222.8
-128.9	-200	-328	-7.8	18	64.4	42.2	108	226.4
-101.1	-150	-238	-6.7	20	68.0	43.3	110	230.0
-73.3	-100	-148.0	-5.6	22	71.6	44.4	112	233.6
-67.8	-90	-130.0	-4.4	24	75.2	45.6	114	237.2
-62.2	-80	-112.0	-3.3	26	78.8	46.7	116	240.8
-56.7	-70	-94.0	-2.2	28	82.4	47.8	118	244.4
-51.1	-60	-76.0	-1.1	30	86.0	48.9	120	248.0
-50.0	-58	-72.4	0.0	32	89.6	50.0	122	251.6
-48.9	-56	-68.8	1.1	34	93.2	51.1	124	255.2
-47.8	-54	-65.2	2.2	36	96.8	52.2	126	258.8
-46.7	-52	-61.6	3.3	38	100.4	53.3	128	262.4
-45.6	-50	-58.0	4.4	40	104.0	54.4	130	266.0
-44.4	-48	-54.4	5.6	42	107.6	55.6	132	269.6
-43.3	-46	-50.8	6.7	44	111.2	56.7	134	273.2
-42.2	-44	-47.2	7.8	46	114.8	57.8	136	276.8
-41.1	-42	-43.6	8.9	48	118.4	58.9	138	280.4
-40.0	-40	-40.0	10.0	50	122.0	60.0	140	284.0
-38.9	-38	-36.4	11.1	52	125.6	61.1	142	287.6
-37.8	-36	-32.8	12.2	54	129.2	62.2	144	291.2
-36.7	-34	-29.2	13.3	56	132.8	63.3	146	294.8
-35.6	-32	-25.6	14.4	58	136.4	64.4	148	298.4
-34.4	-30	-22.0	15.6	60	140.0	65.6	150	302.0
-33.3	-28	-18.4	16.7	62	143.6	66.7	152	305.6
-32.2	-26	-14.8	17.8	64	147.2	67.8	154	309.2
-31.1	-24	-11.2	18.9	66	150.8	68.9	156	312.8
-30.0	-22	-7.6	20.0	68	154.4	70.0	158	316.4
-28.9	-20	-4.0	21.1	70	158.0	71.1	160	320.0
-27.8	-18	-0.4	22.2	72	161.6	72.2	162	323.6
-26.7	-16	3.2	23.3	74	165.2	73.3	164	327.2
-25.6	-14	6.8	24.4	76	168.8	74.4	166	330.8
-24.4	-12	10.4	25.6	78	172.4	75.6	168	334.4
-23.3	-10	14.0	26.7	80	176.0	76.7	170	338.0
-22.2	-8	17.6	27.8	82	179.6	77.8	172	341.6
-21.1	-6	21.2	28.9	84	183.2	78.9	174	345.2
-20.0	-4	24.8	30.0	86	186.8	80.0	176	348.8
-18.9	-2	28.4	31.1	88	190.4	81.1	178	352.4
-17.8	0	32.0	32.2	90	194.0	82.2	180	356.0
-16.7	2	35.6	33.3	92	197.6	83.3	182	359.6
-15.6	4	39.2	34.4	94	201.2	84.4	184	363.2
-14.4	6	42.8	35.6	96	204.8	85.6	186	366.8
-13.3	8	46.4	36.7	98	208.4	86.7	188	370.4

℃→°F ℃←°F			℃→°F ℃←°F			℃→°F ℃←°F		
87.8	190	374.0	148.9	300	572.0	210.0	410	770.0
88.9	192	377.6	150.0	302	575.6	211.1	412	773.6
90.0	194	381.2	151.1	304	579.2	212.2	414	777.2
91.1	196	384.8	152.2	306	582.8	213.3	416	780.8
92.2	198	388.4	153.3	308	586.4	214.4	418	784.4
93.3	200	392.0	154.4	310	590.0	215.6	420	788.0
94.4	202	395.6	155.6	312	593.6	216.7	422	791.6
95.6	204	399.2	156.7	314	597.2	217.8	424	795.2
96.7	206	402.8	157.8	316	600.8	218.9	426	798.8
97.8	208	406.4	158.9	318	604.4	220.0	428	802.4
98.9	210	410.0	160.0	320	608.0	221.1	430	806.0
100.0	212	413.6	161.1	322	611.6	222.2	432	809.6
101.1	214	417.2	162.2	324	615.2	223.3	434	813.2
102.2	216	420.8	163.3	326	618.8	224.4	436	816.8
103.3	218	424.4	164.4	328	622.4	225.6	438	820.4
104.4	220	428.0	165.6	330	626.0	226.7	440	824.0
105.6	222	431.6	166.7	332	629.6	227.8	442	827.6
106.7	224	435.2	167.8	334	633.2	228.9	444	831.2
107.8	226	438.8	168.9	336	636.8	230.0	446	834.8
108.9	228	442.4	170.0	338	640.4	231.1	448	838.4
110.0	230	446.0	171.1	340	644.0	232.2	450	842.0
111.1	232	449.6	172.2	342	647.6	233.3	452	845.6
112.2	234	453.2	173.3	344	651.2	234.4	454	849.2
113.3	236	456.8	174.4	346	654.8	235.6	456	852.8
114.4	238	460.4	175.6	348	658.4	236.7	458	856.4
115.6	240	464.0	176.7	350	662.0	237.8	460	860.0
116.7	242	467.6	177.8	352	665.6	238.9	462	863.6
117.8	244	471.2	178.9	354	669.2	240.0	464	867.2
118.9	246	474.8	180.0	356	672.8	241.1	466	870.8
120.0	248	478.4	181.1	358	676.4	242.2	468	874.4
121.1	250	482.0	182.2	360	680.0	243.3	470	878.0
122.2	252	485.6	183.3	362	683.6	244.4	472	881.6
123.3	254	489.2	184.4	364	687.2	245.6	474	885.2
124.4	256	492.8	185.6	366	690.8	246.7	476	888.8
125.6	258	496.4	186.7	368	694.4	247.8	478	892.4
126.7	260	500.0	187.8	370	698.0	248.9	480	896.0
127.8	262	503.6	188.9	372	701.6	250.0	482	899.6
128.9	264	507.2	190.0	374	705.2	251.1	484	903.2
130.0	266	510.8	191.1	376	708.8	252.2	486	906.8
131.1	268	514.4	192.2	378	712.4	253.3	488	910.4
132.2	270	518.0	193.3	380	716.0	254.4	490	914.0
133.3	272	521.6	194.4	382	719.6	255.6	492	917.6
134.4	274	525.2	195.6	384	723.2	256.7	494	921.2
135.6	276	528.8	196.7	386	726.8	257.8	496	924.8
136.7	278	532.4	197.8	388	730.4	258.9	498	928.4
137.8	280	536.0	198.9	390	734.0	260.0	500	932.0
138.9	282	539.6	200.0	392	737.6	261.1	502	935.6
140.0	284	543.2	201.1	394	741.2	262.2	504	939.2
141.1	286	546.8	202.2	396	744.8	263.3	506	942.8
142.2	288	550.4	203.3	398	748.4	264.4	508	946.4
143.3	290	554.0	204.4	400	752.0	265.6	510	950.0
144.4	292	557.6	205.6	402	755.6	266.7	512	953.6
145.6	294	561.2	206.7	404	759.2	267.8	514	957.2
146.7	296	564.8	207.8	406	762.8	288.9	516	960.8
147.8	298	568.4	208.9	408	766.4	270.0	518	964.4

℃←°F	℃→°F		℃←°F	℃→°F		℃←°F	℃→°F	
271.1	520	968.0	332.2	630	1166.0	393.3	740	1364.0
272.2	522	971.6	333.3	632	1169.6	394.4	742	1367.6
273.3	524	975.2	334.4	634	1173.2	395.6	744	1371.2
274.4	526	978.8	335.6	636	1176.8	396.7	746	1374.8
275.6	528	982.4	336.7	638	1180.4	397.8	748	1378.4
276.7	530	986.0	337.8	640	1184.0	398.9	750	1382.0
277.8	532	989.6	338.9	642	1187.6	400.0	752	1385.6
278.9	534	993.2	340.0	644	1191.2	401.1	754	1389.2
280.0	536	996.8	341.1	646	1194.8	402.2	756	1392.8
281.1	538	1000.4	342.2	648	1198.4	403.3	758	1396.4
282.2	540	1004.0	343.3	650	1202.0	404.4	760	1400.0
283.3	542	1007.6	344.4	652	1205.6	405.6	762	1403.6
284.4	544	1011.2	345.6	654	1209.2	406.7	764	1407.2
285.6	546	1014.8	346.7	656	1212.8	407.8	766	1410.8
286.7	548	1018.4	347.8	658	1216.4	408.9	768	1414.4
287.8	550	1022.0	348.9	660	1220.0	410.0	770	1418.0
288.9	552	1025.6	350.0	662	1223.6	411.1	772	1421.6
290.0	554	1029.2	351.1	664	1227.2	412.2	774	1425.2
291.1	556	1032.8	352.2	666	1230.8	413.3	776	1428.8
292.2	558	1036.4	353.3	668	1234.4	414.4	778	1432.4
293.3	560	1040.0	354.4	670	1238.0	415.6	780	1436.0
294.4	562	1043.6	355.6	672	1241.6	416.7	782	1439.6
295.6	564	1047.2	356.7	674	1245.2	417.8	784	1443.2
296.7	566	1050.8	357.8	676	1248.8	418.9	786	1446.8
297.8	568	1054.4	358.9	678	1252.4	420.0	788	1450.4
298.9	570	1058.0	360.0	680	1256.0	421.1	790	1454.0
300.0	572	1061.6	361.1	682	1259.6	422.2	792	1457.6
301.1	574	1065.2	362.2	684	1263.2	423.3	794	1461.2
302.2	576	1068.8	363.3	686	1266.8	424.4	796	1464.8
303.3	578	1072.4	364.4	688	1270.4	425.6	798	1468.4
304.4	580	1076.0	365.6	690	1274.0	426.7	800	1472.0
305.6	582	1079.6	366.7	692	1277.6	427.8	802	1475.6
306.7	584	1083.2	367.8	694	1281.2	428.9	804	1479.2
307.8	586	1086.8	368.9	696	1284.8	430.0	806	1482.8
308.9	588	1090.4	370.0	698	1288.4	431.1	808	1486.4
310.0	590	1094.0	371.1	700	1292.0	432.2	810	1490.0
311.1	592	1097.6	372.2	702	1295.6	433.3	812	1493.6
312.2	594	1101.2	373.3	704	1299.2	434.4	814	1497.2
313.3	596	1104.8	374.4	706	1302.8	435.6	816	1500.8
314.4	598	1108.4	375.6	708	1306.4	436.7	818	1504.4
315.6	600	1112.0	376.7	710	1310.0	437.8	820	1508.0
316.7	602	1115.6	377.8	712	1313.6	438.9	822	1511.6
317.8	604	1119.2	378.9	714	1317.2	440.0	824	1515.2
318.9	606	1122.8	380.0	716	1320.8	441.1	826	1518.8
320.0	608	1126.4	381.1	718	1324.4	442.2	828	1522.4
321.1	610	1130.0	382.2	720	1328.0	443.3	830	1526.0
322.2	612	1133.6	383.3	722	1331.6	444.4	832	1529.6
323.3	614	1137.2	384.4	724	1335.2	445.6	834	1533.2
324.4	616	1140.8	385.6	726	1338.8	446.7	836	1536.8
325.6	618	1144.4	386.7	728	1342.4	447.8	838	1540.4
326.7	620	1148.0	387.8	730	1346.0	448.9	840	1544.0
327.8	622	1151.6	388.9	732	1349.6	450.0	842	1547.6
328.9	624	1155.2	390.0	734	1353.2	451.1	844	1551.2
330.0	626	1158.8	391.1	736	1356.8	452.2	846	1554.8
331.1	628	1162.4	392.2	738	1360.4	453.3	848	1558.4

	℃→°F ℃← F			℃→°F ℃← F			℃→°F ℃← F	
454.4	850	1562.0	515.6	960	1760.0	732.2	1350	2462.0
455.6	852	1565.6	516.7	962	1763.6	737.8	1360	2480.0
456.7	854	1569.2	517.8	964	1767.2	743.3	1370	2498.0
457.8	856	1572.8	518.9	966	1770.8	748.9	1380	2516.0
458.9	858	1576.4	520.0	968	1774.4	754.4	1390	2534.0
460.0	860	1580.0	521.1	970	1778.0	760.0	1400	2552.0
461.1	862	1583.6	522.2	972	1781.6	765.6	1410	2570.0
462.2	864	1587.2	523.3	974	1785.2	771.1	1420	2588.0
463.3	866	1590.8	524.4	976	1788.8	776.7	1430	2606.0
464.4	868	1594.4	525.6	978	1792.4	782.2	1440	2624.0
465.6	870	1598.0	526.7	980	1796.0	787.8	1450	2642.0
466.7	872	1601.6	527.8	982	1799.6	793.3	1460	2660.0
467.8	874	1605.2	528.9	984	1803.2	798.9	1470	2678.0
468.9	876	1608.8	530.0	986	1806.8	804.4	1480	2696.0
470.0	878	1612.4	531.1	988	1810.4	810.0	1490	2714.0
471.1	880	1616.0	532.2	990	1814.0	816	1500	2732
472.2	882	1619.6	533.3	992	1817.6	821	1510	2750
473.3	884	1623.2	534.4	994	1821.2	827	1520	2768
474.4	886	1626.8	535.6	996	1824.8	832	1530	2786
475.6	888	1630.4	536.7	998	1828.4	838	1540	2804
476.7	890	1634.0	537.8	1000	1832.0	843	1550	2822
477.8	892	1637.6	543.3	1010	1850.0	849	1560	2840
478.9	894	1641.2	548.9	1020	1868.0	854	1570	2858
480.0	896	1644.8	554.4	1030	1886.0	860	1580	2876
481.1	898	1648.4	560.0	1040	1904.0	866	1590	2894
482.2	900	1652.0	565.6	1050	1922.0	871	1600	2912
483.3	902	1655.6	571.1	1060	1940.0	882	1620	2948
484.4	904	1659.2	576.7	1070	1958.0	893	1640	2984
485.6	906	1662.8	582.2	1080	1976.0	904	1660	3020
486.7	908	1666.4	587.8	1090	1994.0	916	1680	3056
487.8	910	1670.0	593.3	1100	2012.0	927	1700	3092
488.9	912	1673.6	598.9	1110	2030.0	938	1720	3128
490.0	914	1677.2	604.4	1120	2048.0	949	1740	3164
491.1	916	1680.8	610.0	1130	2066.0	960	1760	3200
492.2	918	1684.4	615.6	1140	2084.0	971	1780	3236
493.3	920	1688.0	621.1	1150	2102.0	982	1800	3272
494.4	922	1691.6	626.7	1160	2120.0	993	1820	3308
495.6	924	1695.2	632.2	1170	2138.0	1004	1840	3344
496.7	926	1698.8	637.8	1180	2156.0	1016	1860	3380
497.8	928	1702.4	643.3	1190	2174.0	1027	1880	3416
498.9	930	1706.0	648.9	1200	2192.0	1038	1900	3452
500.0	932	1709.6	654.4	1210	2210.0	1049	1920	3488
501.1	934	1713.2	660.0	1220	2228.0	1060	1940	3524
502.2	936	1716.8	665.6	1230	2246.0	1071	1960	3560
503.3	938	1720.4	671.1	1240	2264.0	1082	1980	3596
504.4	940	1724.0	676.7	1250	2282.0	1093	2000	3632
505.6	942	1727.6	682.2	1260	2300.0	1149	2100	3812
506.7	944	1731.2	687.8	1270	2318.0	1177	2150	3902
507.8	946	1734.8	693.3	1280	2336.0	1204	2200	3992
508.9	948	1738.4	698.9	1290	2354.0	1232	2250	4082
510.0	950	1742.0	704.4	1300	2372.0	1260	2300	4172
511.1	952	1745.6	710.0	1310	2390.0	1288	2350	4262
512.2	954	1749.2	715.6	1320	2408.0	1316	2400	4352
513.3	956	1752.8	721.1	1330	2426.0	1343	2450	4442
514.4	958	1756.4	726.7	1340	2444.0	1371	2500	4532

7. 한글 영문 표기법

한 글	가	갸	거	겨	고	교	구	규	그	기
로마자	ga	gya	geo	gyeo	go	gyo	gu	gyu	geu	gi
한 글	나	냐	너	녀	노	뇨	누	뉴	느	니
로마자	na	nya	neo	nyeo	no	nyo	nu	nyu	neu	ni
한 글	다	댜	더	뎌	도	됴	두	듀	드	디
로마자	da	dya	deo	dyeo	do	dyo	du	dyu	deu	di
한 글	라	랴	러	려	로	료	루	류	르	리
로마자	ra	rya	reo	ryeo	ro	ryo	ru	ryu	reu	ri
한 글	마	먀	머	며	모	묘	무	뮤	므	미
로마자	ma	mya	meo	myeo	mo	myo	mu	myu	meu	mi
한 글	바	뱌	버	벼	보	뵤	부	뷰	브	비
로마자	ba	bya	beo	byeo	bo	byo	bu	byu	beu	bi
한 글	사	샤	서	셔	소	쇼	수	슈	스	시
로마자	sa	sya	seo	syeo	so	syo	su	syu	seu	si
한 글	아	야	어	여	오	요	우	유	으	이
로마자	a	ya	eo	yeo	o	yo	u	yu	eu	i
한 글	자	쟈	저	져	조	죠	주	쥬	즈	지
로마자	ja	jya	jeo	jyeo	jo	jyo	ju	jyu	jeu	ji
한 글	차	챠	처	쳐	초	쵸	추	츄	츠	치
로마자	cha	chya	cheo	chyeo	cho	chyo	chu	chyu	cheu	chi
한 글	카	캬	커	켜	코	쿄	쿠	큐	크	키
로마자	ka	kya	keo	kyeo	ko	kyo	ku	kyu	keu	ki
한 글	타	탸	터	텨	토	툐	투	튜	트	티
로마자	ta	tya	teo	tyeo	to	tyo	tu	tyu	teu	ti
한 글	파	퍄	퍼	펴	포	표	푸	퓨	프	피
로마자	pa	pya	peo	pyeo	po	pyo	pu	pyu	peu	pi
한 글	하	햐	허	혀	호	효	후	휴	흐	히
로마자	ha	hya	heo	hyeo	ho	hyo	hu	hyu	heu	hi

8. 영문 발음 기호 표기

모음		자음	
기호	보기	기호	보기
단모음		p ㅍ	pine [pain 파인]
i: 이:	see [si: 씨:]	b ㅂ	belt [belt 벨트]
i 이	city [siti 씨티]	t ㅌ	tie [tai 타이]
e 에	pencil [pensl 펜슬]	d ㄷ	desk [desk 데스크]
æ 애	hat [hæt 햇]	k ㅋ	kill [kil 킬]
ɑ: 아:	calm [kɑ:m 캄:]	g ㄱ	get [get 겟]
ɑ 아	box [bάks 박스]	m ㅁ	mom [mam 맘]
ɔ: 오:	call [kɔ:l 콜:]	n ㄴ	nice [nais 나이스]
ɔ 오	dog [dɔg 도그]	ŋ ㅇ	sing [siŋ 씽]
u: 우:	too [tu: 투:]	l ㄹ	lake [leik 레이크]
u 우	full [ful 풀]	r ㄹ	ring [riŋ 링]
ʌ 어	hug [hʌg 허그]	f ㅍ	food [fu:d 푸:드]
ə 어	about [əbaut 어바웃]	v ㅂ	vase [veis 베이스]
ɑ:r 아:	car [kɑ:r 카:]	θ ㅆ	thin [θin 씬]
ɔ:r 오:	form [fɔ:rm 폼:]	ð ㄷ	them [ðem 뎀]
중모음		s ㅅ	spy [spai 스파이]
		z ㅈ	zoo [zu: 주:]
ei 에이	hey [hei 헤이]	ʃ 쉬	push [puʃ 푸쉬]
ou 오우	rope [roup 로프]	ʒ 지	vision [viʒər 비전]
ai 아이	hi [hai 하이]	h ㅎ	home [houm 호움]
au 아우	now [nau 나우]	w 우	wool [wul 울]
ɔi 오이	boy [bɔi 보이]	j 이	young [jʌŋ 영]
ɛər 에어	hair [hɛər 헤어]	tʃ 취	choice [tʃɔis 초이스]
iər 이어	near [niər 니어]	dʒ 쥐	orange [ɔ:rindʒ 오:린쥐]
uər 우어	hour [auər 아우어]		

9. 영어 알파벳 통신 용어

알파벳	통신 용어
A	알파(alpa)
B	브라보(bravo)
C	챨리(charlie)
D	델타(delta)
E	에코(echo)
F	폭스트롯(foxtrot)
G	골프(golf)
H	호텔(hotel)
I	인디아(india)
J	줄리엣(juliett)
K	킬로(kilo)
L	리마(lima)
M	마이크(mike)
N	노벰버(november)
O	오스카(oscar)
P	파파(papa)
Q	퀘백(quebec)
R	로미오(romeo)
S	씨에라(sierra)
T	탱고(tango)
U	유니폼(uniform)
V	빅터(victor)
W	위스키(whiskey)
X	엑스레이(x-ray)
Y	양키(yangkee)
Z	줄루(zulu)

10. 뷰우포트 풍력계급(Beaufort scale of wind)

풍력계급	명 칭	해 면 상 태	풍 속 (knot)	풍 속 (m/sec)	참 고 (m)
0	고요(평온) Calm	해면은 거울과 같다.	<1	0~ 0.2	
1	실바람(지경풍) Light air	해면에 고기 비늘과 같은 소파가 있으나 거품은 생기지 않는다.	1~3	0.3~ 1.5	0.1 (0.1)
2	남실바람(경풍) Light breeze	해면에 소파를 뚜렷이 볼 수 있으나 파두는 평활하다.	4~6	1.6~ 3.3	0.2 (0.3)
3	산들바람(연풍) Gentle breeze	해면에 소파가 커지고 파두가 부서지며 거품이 일고 곳곳이 백파가 나타난다.	7~ 10	3.4~ 5.4	0.6 (1)
4	건들바람(화풍) Moderate breeze	파는 낮으나 파장은 길어지고 백파가 상당히 증가한다.	11~ 16	5.5~ 7.9	1 (1.5)
5	흔들바람(질풍) Fresh breeze	중 정도의 파가 더욱 뚜렷해지고 파장이 길어지며 백파가 많이 나타난다.	17~ 21	8.0~ 10.7	2 (2.5)
6	된바람(웅풍) Strong breeze	파가 차차 커지기 시작하고 백파가 전면에 일어난다.	22~ 27	10.8~ 13.8	3 (4)

7	센바람(강풍) Moderate gale	파도는 점점 커지고 파두가 부서져 생긴 흰 거품은 풍하로 열지어 흘러간다.	28~ 33	13.9~ 17.1	4 (5.5)
8	큰바람(질강풍) Fresh gale	대파의 약간 작은 것이 파장이 길어지고 파두는 부서져 물결이 바람에 날린다.	34~ 40	17.2~ 20.7	5.5 (7.5)
9	큰센바람 (대강풍) Strong gale	대파 · 짙은 물거품이 풍하고 흘려지며 파두가 말리고 부서져 물보라로 시정이 악화된다.	41~ 47	20.8~ 24.4	7 (10)
10	노대바람 (전강풍) Whole gale	파도는 굉장히 높아지며 백색의 물거품은 큰 덩어리를 이루고 해면은 전체가 희게 보여 시정이 극히 불량하다.	48~ 55	24.5~ 28.4	9 (12.5)
11	왕바람(폭풍) Storm	산같은 대파 · 중소선박은 파곡에 들어가면 일시 안보일 때도 있다. 해면은 물거품으로 덮이고 시정은 더욱 악화된다.	56~ 63	28.5~ 32.6	9 (12.5)
12	싹쓸바람(태풍) Hurricane	해상은 물거품과 물보라로 덮이고 해면은 물보라 때문에 시정은 악화된다.	64~ 71	32.7~ 36.9	11.5 (16)

11. 구름의 종류

종	류	국제명	기호	고도
상층운	1. 권운(털구름) 2. 권적운(털쌘구름) 3. 권층운(털층구름)	Cirrus Cirrocumulus Cirrostratus	Ci Cc Cs	5~13km
중층운	4. 고적운(높쌘구름) 5. 고층운(높층구름)	Altocumulus Altostratus	Ac As	2~7km
하층운	6. 층적운(층쌘구름) 7. 층운(층구름) 8. 난층운(비층구름)	Stratocumulus Stratus Nimbostratus	Sc St Ns	2km이하
수직운	9. 적운(쌘구름) 10. 적란운(쌘비구름)	Cumulus Cumulonimbus	Cu Cb	평균상면 : Ci고도 평균하면 : 500m

12. 천기 약기호

약기호	천 기	설 명
b	맑음	Blue sky, 운량 0~2
bc	갬	Blue sky with detached clouds, 운량 3~7
c	흐림	Cloudy(상층운), 운량 8~10
d	이슬비	Drizzling rain
e	습윤	Wet without rain
f	안개	Fog
g	음울	Gloomy
h	우박	Hail
l	번개	Lightening
m	실안개	Mist
o	흐림	Overcast sky(중 · 하층운), 운량 8~10
p	소나기	Passing shower
q	스코올	Squall
r	비	Rain
s	눈	Snow
t	우뢰	Thunder
u	천기험악	Ugly weather
v	천기투명	Unusual visibility
w	이슬	Dew
z	연무	Haze

13. 풍랑계급 (Wave scale)

풍랑	
계급	설명
0	Calm (glassy)
1	Calm (rippled)
2	Smoth (wavelets)
3	Slight
4	Moderate
5	Rough
6	Very rough
7	High
8	Very high
9	Phenomenal

14. 너울계급 (Swell scale)

너울	
계급	설명
0	No swell
1	Low swell, short or average length
2	Low swell, long
3	Moderate swell, short
4	Moderate swell, average length
5	Moderate swell, long
6	Heavy swell, short
7	Heavy swell, average length
8	Heavy swell, long
9	Confused swell

15. 숫자 영문 표기

(1) 기 수(基數)

한국어	英　語	한국어	英　語
0	naught, zero 노오트　지어로	15	fifteen 피프틴
1	one 원	16	sixteen 식스틴
2	two 투	17	seventeen 세븐틴
3	three 드리	18	eighteen 에이틴
4	four 포어	19	nineteen 나인틴
5	five 파이브	20	twenty 트웬티
6	six 식스	21	twenty-one 트웬티　원
7	seven 세븐	22	twenty-two 트웬티　투
8	eight 에이트	23	twenty-three 트웬티　드리
9	nine 나인	24	twenty-four 트웬티　포어
10	ten 텐	25	twenty-five 트웬티　파이브
11	eleven 일레븐	26	twenty-six 트웬티　식스
12	twelve 트웰브	27	twenty-seven 트웬티　세븐
13	thirteen 더어틴	28	twenty-eight 트웬티　에이트
14	fourteen 포오틴	29	twenty-nine 트웬티　나인

한국어	英 語	한국어	英 語
30	thirty 더어티	80	eighty 에이티
31	thirty-one 더어티 원	81	eighty-one 에이티 원
32	thirty-two 더어티 투	82	eighty-two 에이티 투
33	thirty-three 더어티 드리	90	ninety 나인티
40	forty 포오티	91	ninety-one 나인티 원
41	forty-one 포오티 원	92	ninety-two 나인티 투
42	forty-two 포오티 투	100	one hundred 원 헌드레드
50	fifty 피프티	101	one hundred and one 원 헌드레드 앤드 원
51	fifty-one 피프티 원	102	one hundred and two 원 헌드레드 앤드 투
52	fifty-two 피프티 투	110	one hundred and ten 원 헌드레드 앤드 텐
60	sixty 식스티	111	one hundred and eleven 원 헌드레드 앤드 일레븐
61	sixty-one 식스티 원	112	one hundred and twelve 원 헌드레드 앤드 트웰브
62	sixty-two 식스티 투	120	one hundred and twenty 원 헌드레드 앤드 트웬티
70	seventy 세븐티	121	one hundred and twenty-one 원 헌드레드 앤드 트웬티 원
71	seventy-one 세븐티 원	200	two hundred 투 헌드레드
72	seventy-two 세븐티 투	201	two hundred and one 투 헌드레드 앤드 원

한국어	英 語	한국어	英 語
300	three hundred 드리 헌드레드	6,000	six thousand 식스 다우전드
301	three hundred and one 드리 헌드레드 앤드 원	7,000	seven thousand 세븐 다우전드
400	four hundred 포어 헌드레드	8,000	eight thousand 에이트 다우전드
500	five hundred 파이브 헌드레드	9,000	nine thousand 나인 다우전드
600	six hundred 식스 헌드레드	10,000	ten thousand 텐 다우전드
700	seven hundred 세븐 헌드레드	100,000	one hundred thousand 원 헌드레드 다우전드
800	eight hundred 에이트 헌드레드	1,000,000	one million 원 밀리온
900	nine hundred 나인 헌드레드	2,000,000	two million 투 밀리온
1,000	one thousand 원 다우전드		
1,100	one thousand one hundred 원 다우전드 원 헌드레드		
1,110	one thousand one hundred and ten 원 다우전드 원 헌드레드 앤드 텐		
1,111	one thousand one hundred and eleven 원 다우전드 원 헌드레드 앤드 일레븐		
2,000	two thousand 투 다우전드		
3,000	three thousand 드리 다우전드		
4,000	four thousand 포어 다우전드		
5,000	five thousand 파이브 다우전드		

16. 주요 해산물명 한 · 영 · 일 대조표

한 국	영 미 국	일 본
가오리	Ray	Ei
감섬돔	Black sea bream	Kuro-dai
강달이	Kangdolin	Mebuto-kandari
게	Crab	Kani
고등어	Mackerel	Saba
곱상어	Dog fish	Abura-zame
꽁치	Mackerel pike	Sanma
굴	Oyster	Kaki
날치	Flying fish	Tobi-uo
넙치	Bastard	Hirame
농어	Common sea bass	Suzuki
눈볼대	Red fish	Aka-mutsu
대구	Cod	Tara
도다리	Sole	Meita-garei
도루묵	Sand fish	Hata-hata
만새기	Dolphin	Shiira
매퉁이	Lizard fish	Ma-eso
멸치	Anchovy	Katakuch-iwash
명태	Alaska pollack	Suketo-tara
문어	Octopus	Tako
민어	Croaker	Hon-nibe
방어	Yellow tail	Buri
뱀장어	Eel	Unagi
뱅어	Whiting	Shira-uo
베도라치	Gouneles	Ginpo

한국	영미국	일본
병어	Pomfret	Mana-gatsuo
보구치	White corvenia	Shiro-guchi
복어	Puffer	Hugu
볼락	Rock fish	Me-baru
부시리	Hirasu	Jack
붕장어	Sea eel, Conger eel	Ma-anago
삼치	Spanish mackerel	Sawara
상어	Shark	Huka, Same
성대	Gurnard	Ho-bo
소라	Top shell	Sazae
송어	Trout	Masu
숭어	Grey mullet	Bora
양미리	Sand lance	Shiwa-ikanageo
양태	Flat head	Ma-gochi
연어	Salmon	Sake
오징어	Squid	Ika
전갱이	Horse mackerel	Ma-aji
전어	Hickory shad	Konoshiro
정어리	Sardine	Iwashi
참가재미	Flounder	Ma-garei
참돔	Porgy, Snapper	Ma-dai
참서대	Sole	Aka-shita-birame
참조기	Yellow corvenia	Kin-guchi
청어	Herring	Nishin
칼치	Hair-tail	Tachi-uo
학꽁치	Half beak	Sayori
해삼	Sea cucumber	Namako
홍어	Skate ray	Gangi-ei

17. 해상부표식등

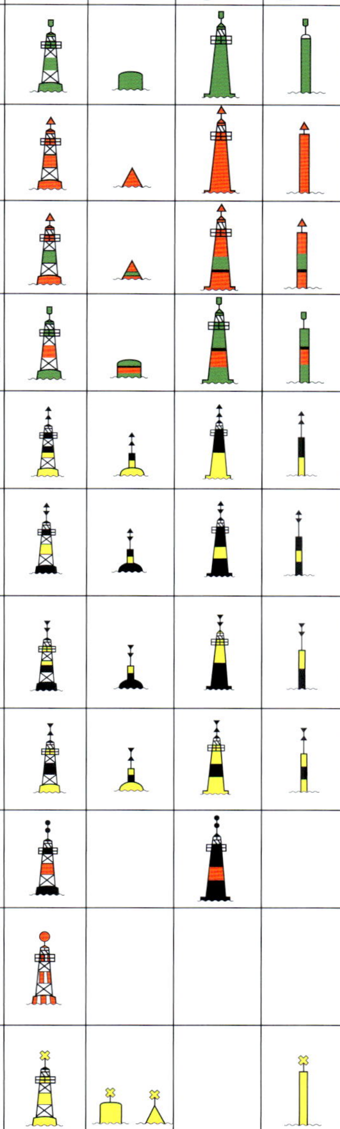

종류			구분				등질	
			등부표	부표	등표	입표	등색	점멸 방식
측방표지	좌현표지						녹	섬광 군섬광 (예) 2섬광 모르스 부호광 (예) A 초급섬광 (예) 단속 또는 급섬광 (예) 단속
	우현표지						홍	
	분기점표시	좌현 항로우선					홍	복합군섬광 매7초에 2섬광과 1섬광 7초
		우현 항로우선					녹	
방위표지	북방위표지						백	연속 초급섬광 또는 연속급섬광
	동방위표지						백	군초급섬광 매5초에 3섬광 5초 또는 군급섬광 매10초에 3섬광 10초
	남방위표지						백	군초급섬광 매10초에 6섬광과 1장섬광 10초 또는 군급섬광 매15초에 6섬광과 1장섬광 15초
	서방위표지						백	군초급섬광 매10초에 9섬광 10초 또는 군급섬광 매15초에 9섬광 15초
고립장애표지							백	군섬광 매5초 또는 10초에 2섬광 5초 또는 10초
안전수역표지							백	등명암광 모르스 부호광 A 또는 장섬광 매 10초에 1섬광 10초
특수표지							황	섬광(장섬광 매 10초에 1섬광) 군섬광(2섬광과 3섬광 제외) (예) 4섬광 또는 모르스 부호광 (A와 U를 제외) (예) D

[그림1 부표식과 등광]

IALA 해상 부표 방식(주간)

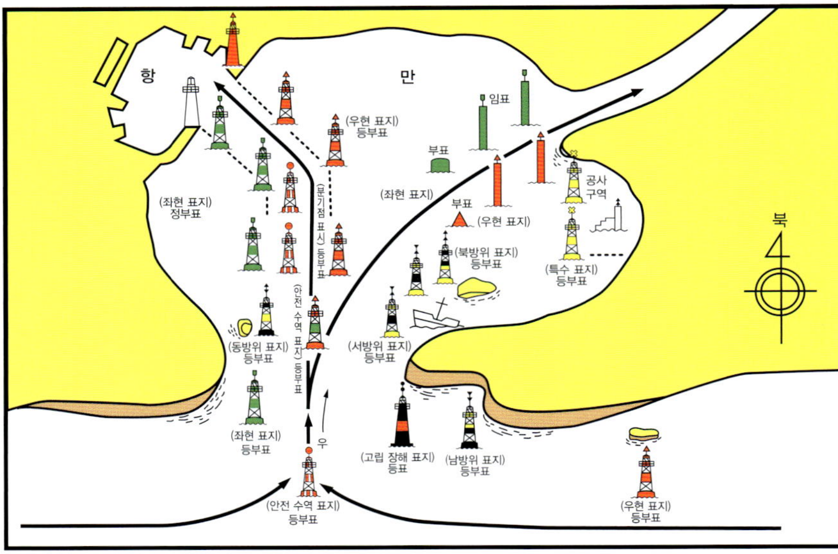

IALA 해상 부표 방식(야간)

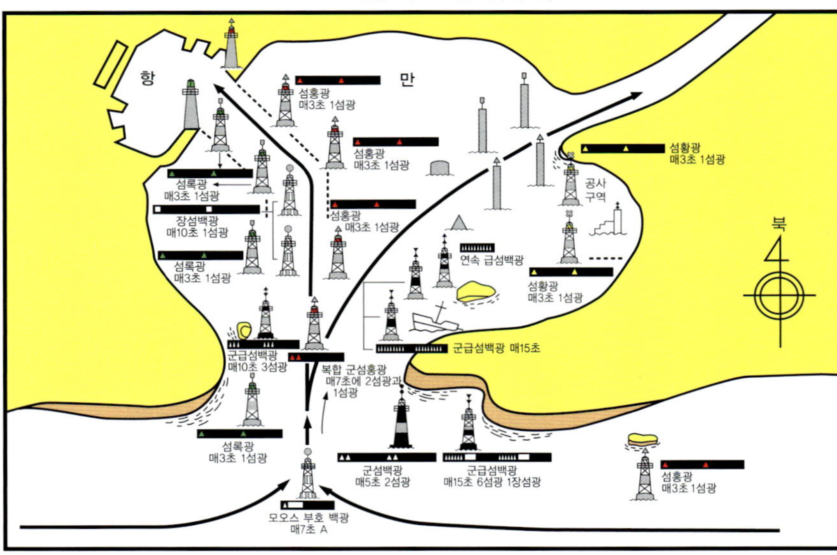

[그림2] 해상부표식 상 : 주간항로표지(주표), 하 : 야간 항로표지(야표)
IALA해상 부표식(B대역)

18. 주요 해도 도식

(1) 안선(해안의 형태) The Coastline(Nature the of Coast)		
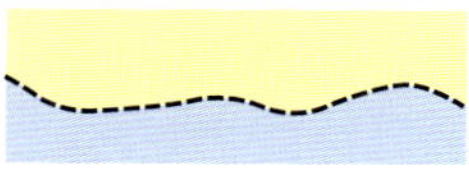 1. 미측안선	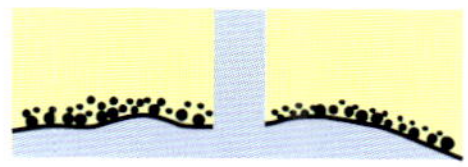 5. 자갈 해변	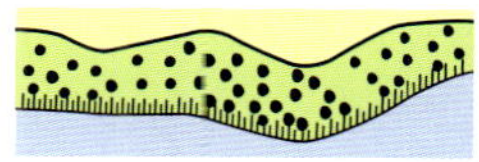 11.c 간출 해변(돌)
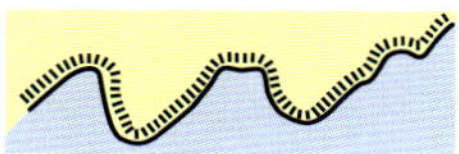 2. 급경사 해안	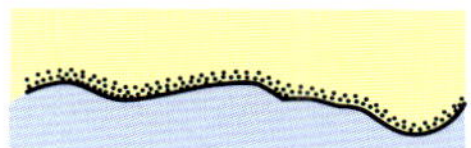 6. 모래 해변	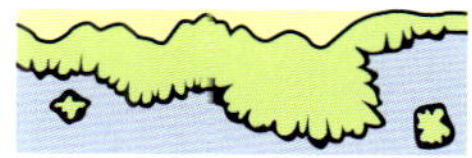 11.d 간출 해변(바위)
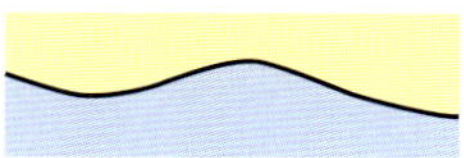 2.a. 평탄 해안	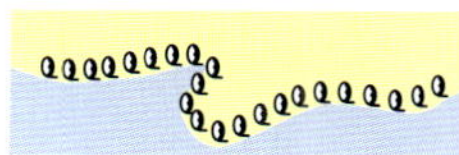 7. 홍수림	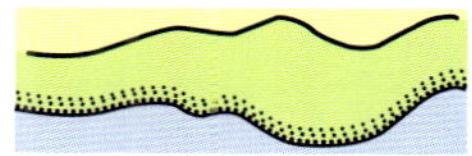 11.e 간출 허변(모래, 펄 혼합)
 3. 절벽 해안	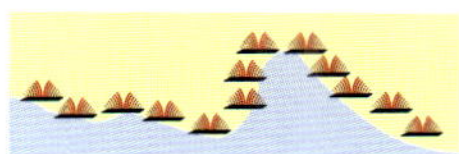 (Aa) 수풀 해안	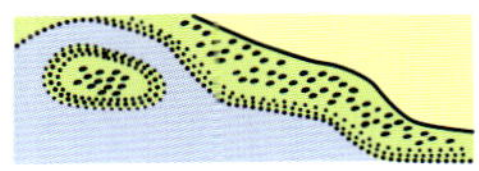 11.f 간출 해변(모래, 돌 혼합)
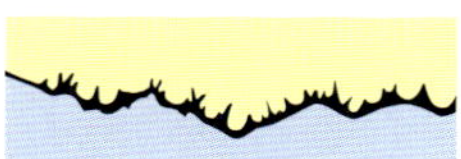 3.a 암석 해안	 8. 기측안선	 11.g 간출 해변(산호초)
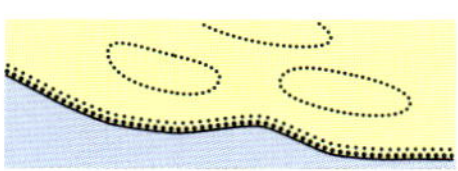 4. 모래 언덕	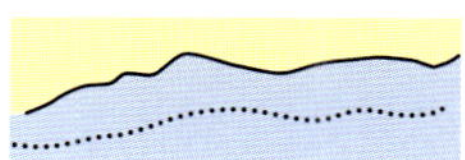 11.a 간출 해변(펄)	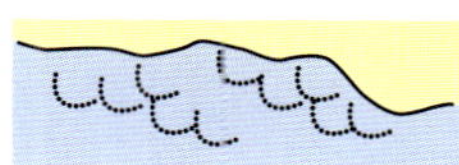 12. 해변의 쇄파
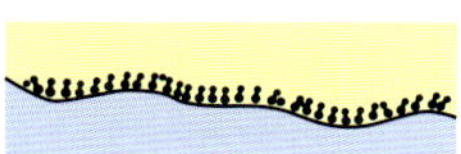 (Aa) 군석	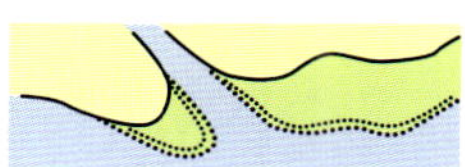 11.b 간출 해변(모래)	 14. 미측 구역의 한계

(2) 육 지 The Land (Natural Features)

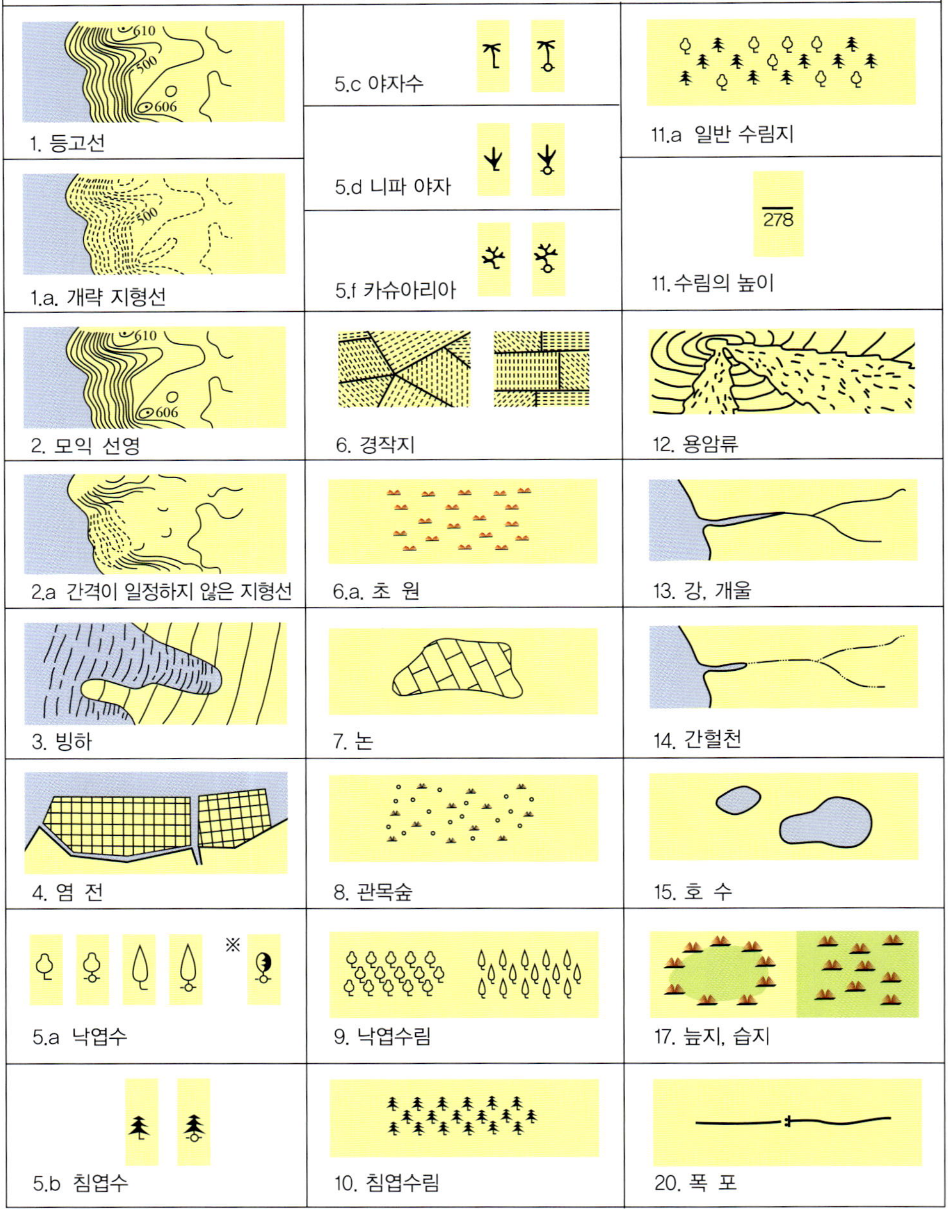

(3) 항 만

No.	기호	명칭	Name
1.		대형선 묘지	*Anchorage for large vessels*
2.		소형선 묘지	*Anchorage for small vessels*
2.a		묘박지 (숫자 또는 문자)	*Anchorage berth*
3.	Hbr	항	*Harbour*
4.	Hn.	항, 피박지	*Haven*
5.	P	항	*Port*
6.	Bkw	방파제	*Breakwater*
6.a		항	*Dyke ; Dike*
7.		방파제	*Mole*
8.		돌제	*Jetty*
8.a		돌제(소축척)	*Jetty(Small scale)*
8.b		잠제	*Submerged Jetty*
9.		잔교	*Pier*
10.		모래톱	*Spit*
11.		방사제	*Groin ; groyne*
12.		투묘 금지구역	*Anchorage Prohibited*
12.	검역묘지 QUAR ANCH	검역 묘지	*Quarantine anchorage*
13.	토사사장 SPOIL AREA	토사 사장	*Spoil ground*
13.	오물장 DUMPING GROUND	오물 투하장	*Dumping Ground*
14.		어책	*Fisheries ; Fishing stakes*
14.a		정치망	*Fish-trap ; fish-weirs*
Ga		어초	*Fishing reef*
15.a	굴양식 OYS	굴 양식장	*Oyster bed*
Gb	진주양식 PEARL	진주 양식장	*Pearl bed*
18.		선창, 안벽	*Wharf*
20.a		지형 묘박지	*Anchoring berth*
20.b	4	묘박지 번호	*Berth number*
21.	• Dol	돌핀	*Dolphin*
24.		기중기 고정	*Crane*
Ge.		기중기(이동식)	*Shifting crane*
26.		검역소	*Quarantine*
20.a	Hr.Off	항무관실	*Harvour-master's office*
20.b		captian	*(Captain of the Port Office)*
21.	Cus. Ho	세관	*Custom house*
35.		독	*Dock*
36.		건(乾)독	*Dry-dock*
37.		부(浮)독	*Floating dock*
39.		선가대	*Patent slip ; Marine railway*
40.		수문, 갑문	*Lock*
44.		보건소	*Health officer's office*
45.		폐선	*Hulk*
46.	PROHIB AREA	금지 구역	*Prohibited area*
46.a	7	호출 지점	*Calling-in points for vessel traffic control*
49.	UNDER CONSTRUCTION	공사 중	*Work in progress*
50		공사 중	*Under construction*

⊙ 주요도식 – 묘박지, 항구, 잔교, 검역묘지, 어책, 정치망, 굴 양식장, 투묘 금지구역, 어초, 폐선, 공사중 등의 그림 및 기호

(4) 위험물

No.	기호	명칭	English
1.	4 D(3)	노출암	*Rock which does not cover*
2.	3 3 ✱(3)	간출암	*Rock which covers and uncovers*
3.		세 암	*Rock awash at the level of chart datum*
	+	암 암	*Sunken rock dangerous to surface navigation*
5.	5 R	고립암상의 얕은 수심	*Shoal sounding on isolated rock*
6.	21 R	암암(위험하지 않은 것)	
6.a	17 R 15, 15, 15,	소해로 밝혀진 수중 위험물	*Sunken danger with depth cleared by wiredrag*
7.	Reef	불명확한 넓은 암초	*Reef of unknown extent*
8.	Vol.	해저 화산	*Submarine volcano*
8.a.	Smt.	해 산	*Seamount*
9.		변색수	*Discoloured water*
10.	Co Co	산호초	*Coral reef*
11.	Wk	선체의 일부가 노출된 침선	*Wreck showing any portion of hull or superstructure*
12.	(마스트) 마스트 Wk	마스트만 노출된 침선	*Wreck of which the masts only are visible*
13.		침선의 구기호	*Old symbols for wrecks*
14.	Wk	항해에 위험한 침선	*Sunken wreck dangerous to surface navigation*
15.	15 Wk	수심이 확실한 침선	*Wreck over which depth is known*
16.		위험하지 않은 침선	*Sunken wreck not dangerous to surface navigation*
17.a	Foul	험악지	*Foul ground*
17.		사 파	*Fou Foul ground Sandwave*
18.	Tide rips	급류, 파문	*Overfalls, Tide-rips*
Oa		적 조	*Tidal race*
19.		와 류	*Eddies*
20.	kelp	해 초	*Kelp ; Sea-weed*
21.	Bk.	퇴(堆)	*Bank*
22.	Shl	여 울	*Shoal*
23.	Rf	초(礁)	*Reef*
23.a		초 맥	*Ridge*
24.	Le	암 붕	*Legde*
25.		파 랑	*Breakers*
26.	Obst.	장해물	*Obstruction*

No.	기호	명칭	English
17.a		석유 개발대	
28.	WK	침 선	*Wreck*
Ob		어 초	*Fishing reef*
29.	Wks.	침선군	*Wreckage*
30.		침수된 파일(위치가 명확) 암 암	*ged piling*
		침수된 파일(위치가 명확)	*Snags ; Submerged Stumps*
32.	Uncov.	간출된	*Dries*
33.	Cov.	수몰된	*Covers*
34.	Uncov.	노출된	*Uncovers*
35.	Rep.	보고된	*Reported*
38.		위험 한계선	*Limiting danger line*
39.	rky	암반 한계선	*Limit of rocky area*
41.	(P.A)	개 위	*Position approximate*
42.	(R.D)	의 위	*Position doubtful*
43.	(E.D)	의 존	*Existence doubtful*
44.	(Ppos)	의 위	*Position*
45.	D	의심스러운	*Doubtful*
Ob	LD	최저 수심	*Least Depth*

주의 :

1. 침선의 노출 정도는 기본 수준면을 기준으로 함.
2. 선형이 불명확한 침선의 위치는 각 기호의 중심이 됨.

⊙ 주요도식 – Bk(퇴), Shl(여울), Rf(초), Le(암붕), (파랑), +(암암), Foul(험악지), ◯obst(장해물)

(5) 각종 한계

No.	도식	명칭	Name
1.	271°3	지도선	*Leading line; Range line*
4.		명호, 분호의 한계	*Limit of sector*
5.	198°4 18.4	추천 항로(지정 표시를 둠)	*Channel, course, track recommended (Marked by buoys or beacons)*
	48° 228°	추천 항로(지정 표시를 두지 않음)	
6.	Ra Ra / Ra Ra	레이더 유도 항로	
7.		해저선(전신, 전화)	*Submarine cable (telegraph, telephone, etc)*
		해저선(전력)	*Submarine cable(power)*
7.a	(전력)	해저선 구역	*Submarine cable area*
7.b		폐기 해저선	*Abandoned submarine cable*
8.		해저 수송관	*Submarine pipe line*
8.a	Pipeline Area	해저 수송관 구역	*Submarine pipe line area*
9.		일반 해상 경계	*Maritime limit in general*
Pa		항 계	*Harbour limit*
Pb		항계(제한 구역)	
10.		어업 구역의 한계	*Limit of fishing zone*
11.	토사사장 Spoil Ground	토사 사장	*Limit of dumping ground, spoil ground*
12.		묘지 경계	*Anchorage limit*
13.		공항의 경계	*Limit of airport*
13.a		군사 훈련 구역	*Limit of military Practice areas*
14.		주권의 한계(영해)	*Limit of sovereignty(Territorial waters)*
15.		세관의 한계	*Customs boundary*
16.		국경	*International bounded*
18.		빙의 한계	*Ice limit*
21.		추천 항로 (부표, 입표가 없을 때)	*Course recommended*
22.		행정 한계	*District or province limit*
24.	2 Bns 2 Bns 78°52 1852.m	속력 시험 거리	*Measured distance*
25.	항행(항박)금지구역 Prohibited area	항행(항박) 금지 구역	*Prohibited area*

(6) 수 심

No.	도식	명칭	Name
1.	*20(S.D)*	불확실한 수심	*Doubtful sounding*
2.	65	측연 해저 미달 수심	*Not bottom found*
3.	20m May 1970	준설한 수로(유지 수심)	*Dredged channel (with controlling depth indicated)*
6.	준설구역 7m(1975)	준설 구역	*Dredged area*
8.	3	간출암의 높이(기본 수준면상)	*Drying heights*
9.		소해 수심	*Depth at chart datum, swept by wire drag*
9.a		소해 구역	*Swept area, adequately sounded*
Qa		정밀 측심 구역	*Densely sounded area*
Qb		침전상 소해 수심	*Water over wreck has been swept to the depth indicated*
	WK	침전 소해(소해 확인된 수심)	*Depth on wreck confirmed by wire drag*
Qc	20 R	암초상 소해 수심	*Water over rock has been swept to the depth indicated*
	20 R	탐초 소해(확인된 수심)	*Depth on rock confirmed by wire drag*
10.a	1₃ 15₆ 127	수심의 숫자	*Figures for ordinary soundings*
	0₄ 14₃ 138 100	수심 위치의 예	*Examples for showing the Position of ordinary sounding*
	19₇ 27 157	사체 숫자 (소축척도 또는 구해도에서 채택된 수심)	*Sloping figures* *Soundings taken from Smaller Scale surveys or Older chart*

⊙ 주요도식 65 (측정 미달수심), WK (침선), ┼┼┼ (침선기호), 항행금지구역 Prohibited area 항행(항박)금지

(7) 등심선 및 착색 Depth Contours and Tints

1m	10m	1000m
2m	20m	2000m
3m	30m	3000m
4m	40m	4000m
5m	50m	5000m
6m	60m	6000m
7m	70m	7000m
8m	80m	8000m
9m	90m	9000m
11m	100m	
12m	200m	
13m	300m	
14m	400m	
15m	500m	
16m	600m	
17m	700m	
18m	800m	
19m	900m	

O 印의 것을 주로 사용하고 기타는 필요한 경우에 사용한다.
海部의 착색 : 주용한 항만 수도의 해도는 수심 0~5m 범위를 수색으로 하고 간출부분은 육지색과 수색의 합성색으로 표시함.

(8) 저 질 Quality of the Bottom

1	Grd	해 저	*Ground*	23	Sh	조개껍질	*Shells*	47a	grd	해저(조개)	*Ground(Shell)*
2	S	모 래	*Sand*	24	Oys	굴	*Oysters*	48	rt	부패한	*Rotten*
3	M	뻘	*Mud*	25	Ms	섭조개	*Mussels*	49	Str	줄이 있는	*Streaky*
4	Oz	연 니	*Ooze*	26	Sp	해 면	*Sponge*	50	Sk	얼룩진	*Speckled*
5	Ml	이회암	*Marl*	27	K	대형의 해초	*Kelp*	51	gty	잔모래	*Gritty*
6	Cl	점 토	*Clay*	28	Wd	해 초	*Sea-weed*	52	dec	부패됨	*Decayed*
(Sa)	Gr	가는자갈	*Granule*	29	Stg	다시마류	*Sea-tangle*	53	fly	수석질	*Flinty*
7	G	자 갈	*Gravel*	31	Spi	해면골침	*Spicules*	54	ga	빙하의	*Glacial*
8	Sn	조약돌	*Shingle*	32	Fr	유공충	*Foraminifera*	55	ten	점착력이 강한	*Tenacious*
9	P	둥근자갈	*Pebbles*	33	Gl	방추충	*Globigerina*	56	w	백 색	*White*
10	St	돌	*Stone*	34	Di	규조	*Diatoms*	57	bl	흑 색	*Black*
11	Rk rky	바 위	*Rock Rocky*	35	RD d	방산충	*Radiolaria*	58	vi	자 색	*Violet*
11a	Blds	표 석	*Boulders*	36	Pt	익족류	*Pteropods*	59	b	청 색	*Blue*
12	Ck	백 아	*Chalk*	37	Po	태충류	*Polyzoa*	60	gn	녹 색	*Green*
12a	Ca	석회질	*Calcareous*	38	Cir	만각류	*Cirripedia*	61	Y	황 색	*Yellow*
13	Qz	석 영	*Quartz*	38a	Fu	해초류	*Fucus*	62	Or	오렌지색	*Orange*
13a	Sch	편 암	*Schist*	38b	Ma	해초류	*Matles*	63	rd	홍 색	*Red*
14	Co	산 호	*Coral*	39	fne	가 는	*Fine*	64	br	갈 색	*Brown*
15	Mds	석산호	*Madrepores*	40	C	거 친	*Coarse*	65	ch	쵸코렛색	*Chocolate*
16	V	화산질	*Volcanic*	41	So	연 한	*Soft*	66	gy	회 색	*Gray*
17	Lv	용 암	*Lava*	42	h	굳 은	*Hard*	67	lt	밝은	*Light*
18	Pm	속 돌	*Pumice*	43	Sf	딱딱한	*Stiff*	68	d	어두운	*Dark*
19	T	응회암	*Tufa. Tuff*	44	Sml	작 은	*Small*	70	vard	가지각색	*Varied*
20	Sc	화산암찌꺼기	*Scoriae*	45	lrg	큰	*Large*	71	unev	평탄치않음	*Uneven*
21	Cn	화산분석	*Cinders*	46	Sy	점착질	*Sticky*	76		해저용수	*Fresh water*
22	Mn	망 간	*Manganese*	47	bk	부서진	*Broken*	Sb	fB	험악물76	*Foul bottom*

⊙ 주요 등심선 : ·· ·· (2m), ---- (5m), - · - · (10m), -··-·· (20m), —··—·· (200m)
주요저질 – 모래(s), 펄(M), 자갈(G), 바위(Rk), 조개껍질(sh), 점토(cl), 산호(co), 굴(oys)

19. 국제신호교류

국제신호기류 (Flags used in the International Code of Signal)

문자기(Alphabetical flags)

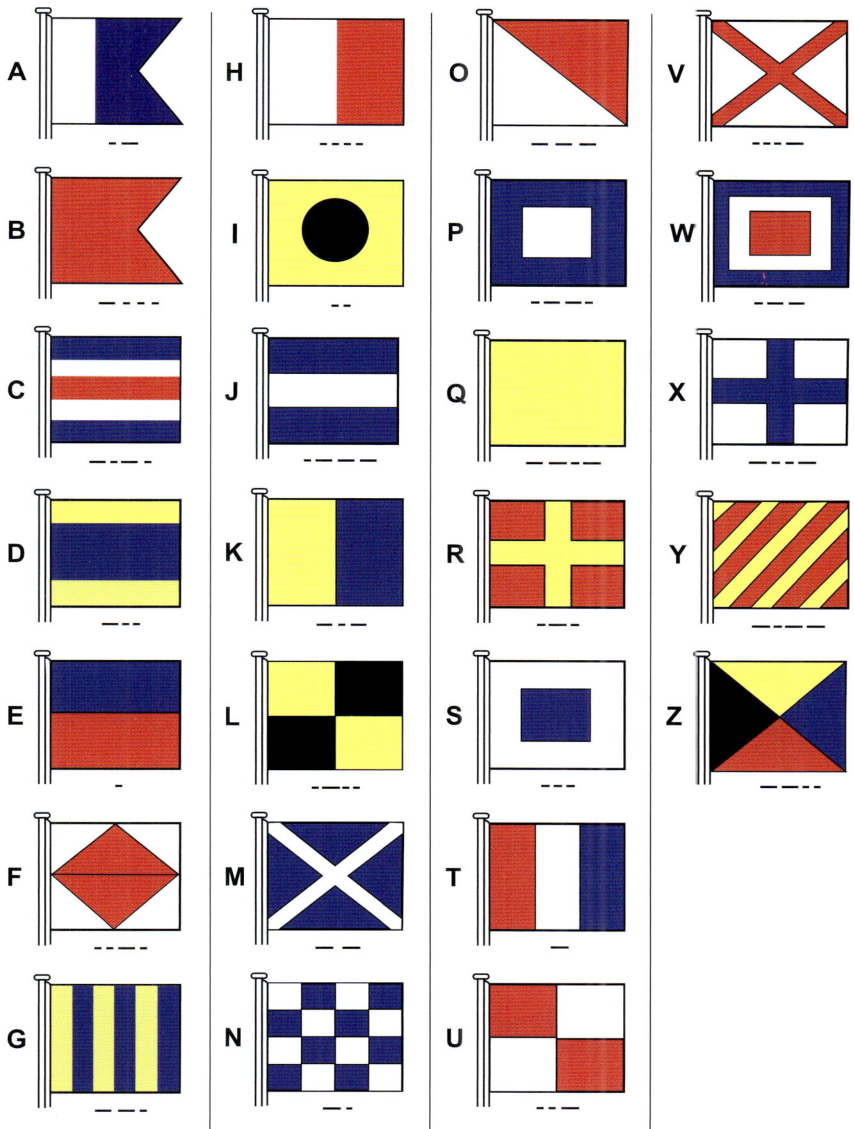

국제신호기류 (Flags used in the International Code of Signal)

숫자기(Numeral flags)

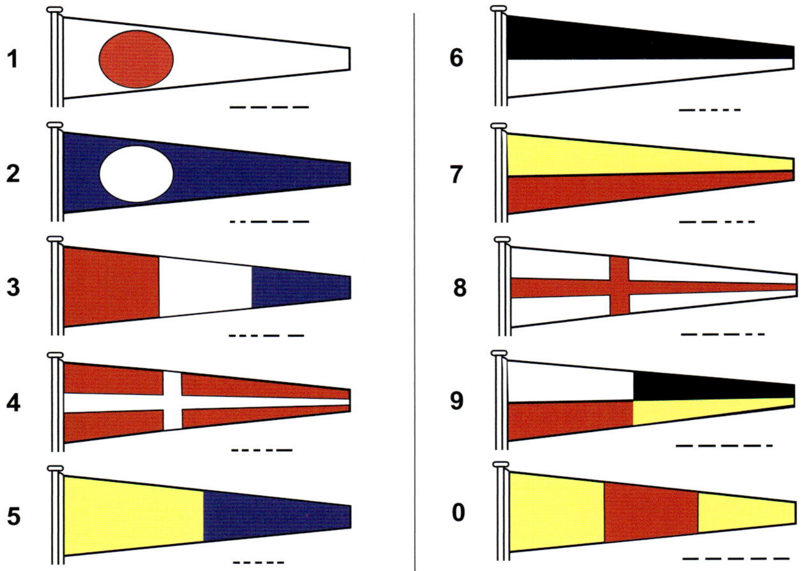

대표기(Substitutes)

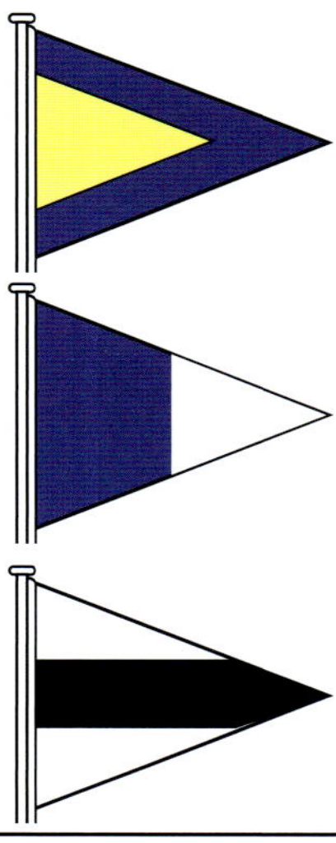

회답기 (Code and answering pendant)

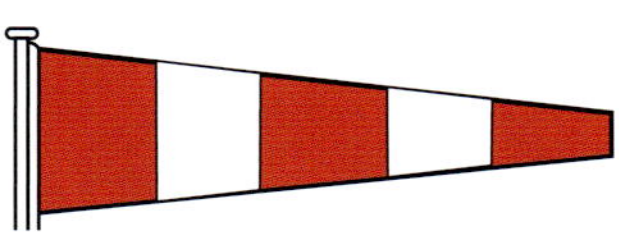

찾 아 보 기

ㄱ

ㄴ

ㄷ

ㄹ

ㅁ

해기사 및 해양경찰 실무서 / 각급 해양훈련 실습서 / 등산 · 낚시 · 구조 · 운송 활용서

결삭법 | **매듭법** (結索法 구,결색법)
결삭법 · 제범 · 선박 도장

2013년 9월 5일 2쇄 인쇄 값 15,000원
2013년 9월 15일 2쇄 발행

편 저 자 해광도서편찬회
편 집 이 지 희
발 행 인 조 준 형
발 행 처 해광출판사
주 소 부산광역시 중구 구덕로 38(남포동 4가 2-4)
전화번호 (051) 253-0001 팩스 (051)245-1187
등 록 제 2012-000005호